蘑头加工与质量安全控制技术

张可祯　田　丰　主编

化学工业出版社
·北京·

内容简介

藠头加工品是我国重要的出口农产品之一。本书结合当前我国藠头加工与质量安全的实际，以国家标准与行业标准为依据，总结了藠头加工及质量安全控制技术的有益经验和研究成果，以传统加工方法与现代食品科学结合，系统地介绍了净菜藠头、藠头罐藏品、藠头腌制品、藠头干制品、藠头糖制品、藠头饮料制品、藠头功能成分提取等加工与质量安全控制技术，系统实用，可操作性强。

本书适合广大藠头生产、加工、经营、管理人员和基层农技推广人员阅读，亦可供农业、食品相关专业师生参考。

图书在版编目（CIP）数据

藠头加工与质量安全控制技术/张可祯，田丰主编．—北京：化学工业出版社，2022.4
ISBN 978-7-122-40788-7

Ⅰ．①藠…　Ⅱ．①张…②田…　Ⅲ．①鳞茎类蔬菜-蔬菜加工-质量管理　Ⅳ．①TS255.5

中国版本图书馆 CIP 数据核字（2022）第 026438 号

责任编辑：冉海滢　刘　军　　装帧设计：关　飞
责任校对：边　涛

出版发行：化学工业出版社
（北京市东城区青年湖南街 13 号　邮政编码 100011）
印　　装：天津盛通数码科技有限公司
710mm×1000mm　1/16　印张 11¾　字数 221 千字
2022 年 6 月北京第 1 版第 1 次印刷

购书咨询：010-64518888　售后服务：010-64518899
网　　址：http://www.cip.com.cn
凡购买本书，如有缺损质量问题，本社销售中心负责调换。

定　　价：49.00 元　

前言

藠头（*Allium chinense* G. Don）又名薤（俗名藠子、荞头、茭头），属百合科葱属，为小鳞茎的多年生宿根草本植物。除少量作鲜菜炒食、煮食和晒干药用外，大部分用其鳞茎加工成盐渍藠头、甜酸藠头、酱渍藠头、泡酸藠头、藠头菜酱、藠头脯、藠头干、藠头汁饮料、藠头醋和其他药膳藠头等产品以供食用。这些产品具有增进食欲、帮助消化、健脾开胃等保健功效。尤其经过腌渍后的藠头产品，颗粒整齐，口感脆嫩，风味独特，曾被列为清朝宫廷菜肴“满汉全席”的八大凉菜之一，深受广大消费者欢迎。藠头远销日本、韩国、新加坡、马来西亚、泰国等十多个国家和地区，一直是我国重要的出口农产品之一。现代医学研究显示，藠头具有抑菌消炎、解痉平喘、抗血小板凝聚、抗氧化、抗肿瘤、降低血脂、抗动脉粥样硬化等功能，既可食用又能入药，是药食两用植物。

目前全国藠头种植面积超过 100 万亩（1 亩≈$666.7m^2$），其中江西新建、湖南湘阴、武汉江夏梁子湖和云南开远等地区商品种植面积达 20 万亩，年产鲜藠 27 万吨，加工制品产量 8 万吨，藠头种植和加工已经成为带动部分农村经济发展的重要因素。但目前存在农药滥用、基地环境污染、管理体系不健全等问题，造成藠头产品出口受阻现象发生，而且藠头加工产品较单一，综合开发利用还不够深入。实际上，可充分利用藠头加工废弃的大量叶、鳞茎皮和根资源，生产藠头醋、辣味藠头酱、藠头素等，减少污染，增加加工产品种类和产值，满足大众食用、营养、保健需求。

为了较好地解决藠头加工品质量安全问题，减少生产与加工损失，增强藠头加工品在国内外市场的竞争力，加快藠头产业化经营、标准化加工进程，我们编写了《藠头加工与质量安全控制技术》一书，以国家现行标准与行业标准为依据，融藠头生产加工成功经验、最新研究成果和先进实用技术于书中，力求对藠头产业有所帮助。但由于技术性较强和各地情况不同，建议读者先试验再推广应用。

本书在编写过程中参考了很多文献资料，在此对这些资料的作者表示衷心的感谢。由于藠头加工的新技术、新方法发展很快，加上时间仓促，书中难免有不妥和疏漏之处，敬请各位同行、专家及广大读者批评指正。

编者

2021 年 12 月

目录

第一章
藠头加工与质量安全控制概述

第一节　藠头加工类型与原理

藠头可加工成盐渍藠头、甜酸藠头、酱渍藠头、泡酸藠头、藠头菜酱、藠头脯、藠头干、藠头汁饮料、藠头醋和其他药膳藠头等产品。可以满足不同层次的人们对藠头产品的不同需要；可以增加藠头产品的附加值，提高经济效益；可以延长藠头产业链和促进藠头生产的可持续性发展，更有利于拓宽流通渠道和增强出口创汇能力。进行藠头的加工开发，应注意根据藠头资源、市场情况，合理确定加工方向和产品种类；注意规模生产和逐步形成自有名牌产品。在加工过程中，要进行标准化加工，按照国际标准化组织ISO9000系列质量标准和ISO4000系列管理标准进行生产，同时在生产工艺流程中推行危害分析与关键控制点（HACCP）方法，实行良好生产规范（GMP）和卫生标准操作程序（SSOP），从生产标准到产品标准与国际接轨，保障藠头产品质量安全，适应国内国际市场的需要。

一、藠头加工类型

以藠头为对象，根据其组织特性、化学成分和理化性质，采用不同的加工技术和方法，制成各种粗、精加工的成品与半成品的过程称为藠头加工。利用食品工业的各种加工工艺和保藏方法，处理新鲜藠头而制成的产品，称为藠头加工品。藠头加工品的种类很多，风味各不相同，保藏时间也长短不一。按加工保藏方法的不同，可将藠头加工品分为下列七大类。

1. 干制品

将新鲜蔬菜进行清洗、整理切分、烫漂等处理后，采用天然或人工干燥的方法，除去其中的极大部分水分，使水分含量降到10％以下的蔬菜加工品称为干制品，又称脱水蔬菜，如薤白就是藠头或小根蒜的干制品。

2. 腌渍制品

在经过部分脱水或未经脱水的新鲜蔬菜中，加入食盐进行腌制而成的蔬菜加工品称为腌渍制品。若腌制后进行脱盐处理，再用酱浸渍而制成的产品，称为蔬菜酱制品。脱盐后用糖醋浸渍而制成的加工品，称为糖醋菜。蔬菜腌制按生产工艺不同可分为盐渍、酱渍、糖醋渍、盐水渍四大类。腌制品包括泡酸菜、咸菜、酱菜、糖醋菜、盐渍菜等，如咸藠头、甜酸藠头、泡藠头、酱藠头。

3. 糖制品

将新鲜蔬菜或蔬菜盐胚经过适当处理后，加糖浸渍或煮制，使其含糖量达到65％～75％的蔬菜加工品称为糖制品。按加工方法和产品形态，蔬菜糖制品可分为蜜饯和菜酱两大类，如藠头脯、藠头果酱。

4. 罐藏制品

将经过加工的蔬菜，装入能密封的容器中，加入一定浓度的食盐或调味液，再经过排气、密封、杀菌和冷却等工艺而制成的加工品称为罐藏制品，也称蔬菜罐头，如甜酸藠头、藠头酱、藠头饮料等罐头。

5. 饮料制品

以水果和（或）蔬菜（包括可食的根、茎、叶、花、果实）等为原料，经加工或发酵制成的液体饮料产品称为饮料制品。

6. 鲜切蔬菜

将新鲜蔬菜经过清洗、修整、切分和包装等加工处理，然后放在低温下冷藏的方便蔬菜制品称为鲜切蔬菜，又称半加工蔬菜、轻度加工蔬菜或最少加工处理蔬菜。

7. 功能成分提取物

通过分离、提取、浓缩蔬菜中含有功能作用的生理活性成分，再将其添加到各种食品中或加工成功能食品。如从藠头中可提取藠头素、皂苷、蒜素、多糖等功能性物质。

二、藠头加工保藏原理

藠头加工的关键是对藠头进行保鲜贮藏或加工贮藏。保鲜贮藏是以采收以后的蔬菜生命活动过程及其与环境条件关系的采后生理学为基础，以蔬菜在产后贮、运、销过程中的保鲜技术为重点，进行蔬菜采后保鲜处理的过程。需要给蔬菜提供一定的贮藏环境和相应的措施，以抑制微生物的活动和延缓蔬菜的衰老，最大限度地保持蔬菜本身的耐贮性和抗病性。加工贮藏是指通过特殊工艺处理，或改变蔬菜原有的形态和特征，或破坏酶的活性，杀灭有害微生物或限制其活动，从而达到改进商品品质、延长供应期的保质、增值手段。

1. 藠头及其加工品败坏的原因

蔬菜及其加工品的变色、变味、浑浊、沉淀、生花、生霉、酸败、软化和腐烂等现象，统称为败坏。败坏后的产品，外观不良，风味变差，不堪食用，甚至成为废弃物。引起藠头及其加工制品败坏的原因很复杂，它是生物、物理或化学等多种因素作用的结果。

（1）生物因素　有害微生物的侵染与活动，是造成藠头及其加工品败坏的主要原因。由微生物引起的败坏通常表现为变色、酸败、发酵、产气、长霉、腐烂等。要避免微生物造成的危害，必须注意原料、用水、加工机械、包装材料、车间环境等各个环节的清洁卫生，同时对产品进行温度、水分、氧气、pH 值控制和杀菌处理。

（2）化学因素　在藠头加工和贮存过程中极有可能发生各种化学变化，如氧化、还原、分解、聚合、溶解等，主要表现为变色、变味、软烂而造成营养物质的损失。发生的原因与藠头制品的物质组成和所处的环境有密切关系。

（3）物理因素　温湿度、氧气、光照和机械损伤等物理因素会引起藠头及其制品的败坏。

为此，综合考虑上述因素，在尽量减少加工前原料的带菌量，控制加工场所、加工设备、工作人员带菌量的前提下，可应用高渗透压溶液、脱水与干燥、低温与冻结，利用发酵技术、加酸，采取杀菌与灭酶、真空与密封绝氧，以及运用防腐剂、抗氧化剂等技术措施控制藠头及其加工品败坏。

2. 加工保藏原理

针对藠头及其加工品败坏的原因，采取适当的措施，以达到长期保藏的目的。生产上采用的藠头加工保藏方法，其基本原理如下：

（1）抑制微生物活动的保藏方法　应用高浓度（糖和食盐）溶液浸渍、脱水干燥等物理和化学作用，抑制产品中微生物及酶的活性，这就是藠头糖制品、腌制品、干制品保藏的基本原理。

（2）利用发酵原理的保藏方法　利用有益微生物发酵作用，如酵母菌的酒精发酵、醋酸菌的醋酸发酵、乳酸菌的乳酸发酵，产生和积累对其他微生物有毒害作用的生化物质，从而抑制有害微生物的生长繁殖，这便是泡酸藠头和藠头汁饮料得以保藏的基本原理。

（3）运用无菌原理的保藏方法　利用热处理、微波、辐射和过滤等工艺，将制品中的腐败菌减少或消灭到能使制品长期保存所允许的最低限度，同时通过密封包装防止再次污染，这便是藠头罐藏的基本原理。

(4) 应用化学手段的保藏方法　是使用化学药剂来提高贮藏性能并尽量保持原有品质的一种措施。使用的化学药剂有防腐剂和抗氧化剂等，具有抑制、杀灭有害微生物以及降低食品中氧气含量和破坏酶的活性等作用，从而防止藠头制品的败坏。

(5) 维持食品最低生命活动的保藏方法　这是鲜切藠头保藏的基本方法。鲜切藠头仍为活的有机体，由于去根、去粗皮、去部分叶等加工处理过程，使其衰老变质速度比新鲜完整藠头更快。因此，加工处理后的鲜切藠头，必须置于适宜的低温、低氧及高二氧化碳气调环境中，以抑制产品的呼吸作用等代谢活动，减少物质消耗，延缓衰老和抑制组织褐变的发生，抑制微生物的生长，从而延长其保鲜期。

三、藠头加工标准化

运用标准化的“统一、简化、协调、优选”原则，对藠头加工前、加工中、加工后全过程，通过制定标准和实施标准，促进藠头加工业的发展，确保藠头产品质量与安全。藠头加工标准主要包括加工原料等级、生产与加工技术、质量控制与管理、产品质量安全及其检测检验方法、包装标识、储运、销售等标准。

藠头加工标准化是提高藠头加工产业竞争力的重要技术支撑；是全面提升藠头质量安全水平、保护消费者健康的关键；是实现藠头加工产业结构调整的重要手段；是藠头加工与安全监督管理、规范市场秩序的重要依据。

第二节　藠头加工质量安全控制过程

藠头加工品质量安全保障与产地环境、投入品使用、生产、加工、储运等环节密切相关，应当通过清洁产地环境、控制生产加工过程、检测产品质量，包装贮运过程可靠、产品履历可追溯、法规标准认证有保障，以及实行农产品质量安全全程监管和风险评估等实施。因此，保障藠头产品质量安全，必须以“从土地到餐桌”全程质量控制理念为核心，实施良好农业规范（GAP）或良好生产规范（GMP）、危害分析与关键控制点技术（HACCP），采取全程标准化，严格按照无公害（合格）农产品、绿色食品、有机产品的生产加工技术标准，组织生产加工，才能生产出相应级别的合格产品。

一、藠头原料质量安全控制

藠头原料生产的产地环境和田间管理直接影响重金属、农药残留及其他污染物含量，影响到出口藠头产品的质量安全。基地必须严格按照无公害、绿色、有机藠头标准进行种植与管理，选择优良的加工品种，推广新技术、新肥药，严把农产品质量安全关，突破贸易的“绿色壁垒”。藠头原料质量安全控制相关内容可参考《藠头标准化生产与加工技术》第二章第四节“藠头生产质量与安全控制”。

（1）严格选择产地环境，控制环境污染，使生产基地环境符合相应的无公害、绿色或有机农产品产地环境标准。

（2）加强农业投入品的管理，认真执行相应的无公害、绿色或有机农产品良好农业规范（GAP），确保藠头产品符合无公害、绿色或有机产品质量标准。

（3）规范化采收和安全贮运，防止二次污染。

（4）加大产品的检测与验收力度，确保产品符合加工要求。

二、藠头加工过程质量安全控制

藠头加工过程是影响藠头食品安全性的一个关键环节。有的加工技术、加工设备和运输、存储器皿，以及厂房建筑本身就存在影响藠头食品安全的隐患；操作不当或不按良好生产规范（GMP）操作容易导致藠头食品在加工过程中受到污染，从而影响藠头食品的质量安全。

1. 加工技术质量安全控制

在藠头加工过程中要利用多种加工技术，但有些加工技术本身或运用不当时存在很多安全隐患，是食品质量安全控制不可忽视的一环。加工工艺过程中的不正确操作，包括非法或不适当地添加含有害物质或激素的化学药剂，都会对食品质量安全产生影响。

2. 藠头加工过程卫生控制

（1）环境卫生控制　老鼠、苍蝇、蚊子、蟑螂及粉尘可以携带和传播大量的致病菌，因此，它们是厂区环境中威胁食品安全卫生的主要因素。应最大限度地减少和消除这些危害因素对产品卫生质量的威胁。

（2）生产用水的卫生控制　必须符合 GB 5749—2006《生活饮用水卫生标准》的指标要求。

（3）防止交叉污染　在加工区内划定清洁区和非清洁区，限制这些区域人员和物品的交叉流动，通过传递窗进行工序间的半成品传递等。加工过程使用的工器具、与产品接触的容器不得直接与地面接触；不同工序、不同用途的器具用不同的颜色加以区别，以免混用。

(4) 车间、设备及工器具的卫生控制　日常严格对车间、加工设备和工器具进行清洗、消毒工作。

(5) 贮存与运输的卫生控制　定期对存贮食品仓库进行清洁，保持仓库卫生，必要时进行消毒处理。相互串味的产品、原料与成品不得同库存放。食品的运输工具必须保持良好的清洁卫生状况。

(6) 人员的卫生控制　食品厂的加工和检验人员每年至少进行一次健康检查，新进厂的人员必须体检合格后方可上岗。生产、检验人员必须经过必要的培训，经考核合格后方可上岗，且必须保持个人卫生。

三、藠头产品包装贮运质量安全控制

食品不正确的包装、贮运和食品的包装、贮存、运输、销售等条件不符合卫生要求，以及贮存期过长会造成食品腐败变质。

1. 包装质量安全控制

食品包装是加工的最后一道工序，它起着保护商品质量卫生、方便贮运、促进销售、延长货架期和提高商品价值的重要作用。而延长食品贮存期的关键是包装材料和包装工艺。

(1) 包装材料质量安全

① 纸质包装材料　可以制成袋、盒、罐、箱等容器，但纸张中的有毒有害物质残留和印刷过程中的溶剂污染是容易引发食品安全问题的隐患。

② 塑料包装材料　树脂和添加剂影响食品的安全，同时塑料包装也会对环境造成一定的危害。

③ 金属包装材料　金属化学稳定性差，不耐酸、碱，尤其对酸性食品敏感。涂层溶解，使金属离子析出，影响产品的质量。

④ 玻璃包装材料　玻璃材料循环使用过程中瓶内可能存在异物和清洗消毒剂的残留；也存在破碎造成的损坏和对人伤害的隐患。

⑤ 陶瓷包装材料　主要是陶瓷表面釉层中重金属元素的溶出，对人体造成危害。

(2) 包装过程质量安全　包装过程中的污染是影响食品质量安全的关键问题之一，如在食品分装操作过程中，环境无菌程度不高，或包装后杀菌不彻底，均有可能发生二次污染。发生了二次污染的食品在贮运过程中，不仅细菌会大量繁殖，真菌也可能会蔓延，这种现象即使在防潮、阻气性较好的包装食品中也可能发生。在包装材料中，较易发生真菌污染的是纸制包装材料，其次是各类软塑料包装材料。就外包装而言，被内装物玷污、人工包装操作时的接触及被水淋湿、黏附有机物或吸附空气中的灰尘等都能导致真菌污染。

2. 运输过程中质量安全控制

食品从生产、加工到消费者手中，必然要使用各种运输工具运输。运输设备必须达到食品安全的要求。

3. 贮存过程中质量安全控制

贮存仓库应满足食品卫生要求，遵守“先进先出”的操作原则，且要建立详细的食品质量安全台账，记录从农田到餐桌的全过程信息，确保食品从采购、运输、贮存到销售环节的可追溯性。

第二章

净菜藠头加工与质量安全控制

将新鲜藠头通过清洗、预冷、挑选、切割（去根割尾等）、分级、捆扎和包装等简单加工处理制成净菜藠头，可食率接近100%，可达到直接烹食的卫生要求，具有新鲜、方便、卫生和营养等特点。进入市场的净菜，整齐均匀、美观干净，可减少大量蔬菜运输与垃圾处理费用，节约时间和精力。随着人们生活水平的提高，生活节奏的加快，净菜将成为我国普通消费者可以接受且喜爱的商品，是现代市场的发展趋势。现在超市纷纷开设净菜专柜，以满足消费者的需要，净菜具有良好的市场前景和巨大的发展潜力。

第一节　净菜藠头加工的基本原理

藠头是人们喜爱的蔬菜，净菜藠头品质的优劣直接影响着藠头的商品性、市场竞争力和生产经营效益的高低。合理保持净菜藠头优良品质，对促进营销、做好加工、提高效益，具有重要的意义。

一、影响净菜藠头品质变化的因素

净菜藠头在加工、贮运、销售等过程中的品质变化主要有颜色变化、组织失水、软化、溃败、水解，微生物侵染造成腐败，长霉斑、菌丝等。藠头的生理衰老、切割损伤和微生物侵染等对净采品质都有影响。

1. 藠头组织的生理失调或衰老

不同时期采收、采后贮运温湿度、气体条件均对藠头生理衰老有影响。不同生育期采收的藠头，耐贮性和品质变化呈现出差异。头藠由于鳞茎表皮厚、质地较硬，较耐贮藏和加工，主要的品质变化有表皮变色、冻害引起软化、干害引起表皮膜质纤维化等。菜藠由于带有鲜嫩的叶片或藠柄，表面积大，水分蒸发快，贮藏、销售中易脱水萎蔫，其呼吸作用使体内的养分消耗，产生大量呼吸热，又会促进黄化和腐烂。

2. 采收及采后切割造成的损伤

损伤不仅能引起褐变影响感官品质，且伤口易受微生物的侵染，在湿度较高时易发生腐烂。

3. 病原微生物侵染

病原微生物危害新鲜蔬菜会造成其腐烂变质，净菜藠头加工要避免微生物造成的危害，必须注意各个环节的清洁卫生，杜绝污染源头。一旦发生长霉腐烂，要查清具体原因，采取相应措施，防止再次发生。

二、保持净菜藠头品质的措施

1. 净菜藠头微生物的控制

净菜藠头经去粗老皮、去根、割尾等加工修整后，微生物容易侵染和繁殖，这不仅会导致产品的败坏，还会影响到食用的安全性。因此，进行防腐处理，控制微生物的生长繁殖，解决腐烂变质问题，是净菜藠头加工和保鲜的关键。净菜藠头加工中对微生物的控制可采用化学法和物理法。

（1）化学防腐　运用一些化学试剂直接杀灭微生物或抑制它们的生长繁殖，包括化学防腐剂和来自植物、动物及微生物中抗菌物质的生物防腐剂。方法有：

① 化学清洗　藠头经去根、去粗老皮、割叶后进行适当的化学清洗，能降低表面微生物数量并去除细胞汁液残留，减少贮运销售过程中微生物侵染的机会。通常在清洗水中添加的化学物质有柠檬酸、次氯酸钠及氯水等。使用化学清洗应选用适宜的清洗时间及化学试剂浓度，防止化学试剂在净菜中的残留超标，一般经化学清洗后的净菜应用清水冲洗其表面。另外，化学清洗还应注意一些不良反应（如变色及组织萎蔫等胁迫反应）的发生。

② 使用化学抑菌剂　抑菌剂的作用机理主要是通过调节微生物生长条件（如 pH、气体成分及水分活性等）达到控制微生物生长的目的。常用的抑菌剂多为有机酸，包括柠檬酸、苯甲酸、山梨酸、醋酸、乳酸和中链脂肪酸等。这些有机酸可降低 pH、造成微生物不适应的环境，抑制微生物生长。化学抑菌剂的选用应适合净菜特性的要求，避免对净菜造成风味影响。

（2）物理防腐　通过辐照、臭氧等技术以及采用合理的包装、适宜的低温达到杀灭或抑制微生物的目的。

① 净菜“冷杀菌”技术　“冷杀菌”技术包含的方法很多，有辐照、臭氧、高强度脉冲电场、微波、红外、紫外、超声波、高静水压等技术，这些处理可有效地杀灭病原菌，减少净菜的腐败变质，可作为冷藏和其他采后处理的辅助手段，延长货架期。注意净菜“冷杀菌”技术必须在低温或常温下进行。

② 低温结合自发气调包装　创造适宜的低温，采用适当的低氧和高二氧化碳气调包装，可有效抑制微生物的生长，从而达到保持品质、延长货架期的目的。但是，必须注意避免过低温度和缺氧环境，防止冻害和无氧酵解使藠头溃烂变质不能食用。

2. 净菜藠头褐变的控制

净菜藠头发生的褐变，主要是酶褐变。它是多酚类物质在多酚氧化酶催化下发生氧化造成的。影响酶褐变的主要因素有温度、pH、底物浓度和氧气浓度等。在净菜藠头加工中，采用加热烫漂钝化酶活性的方法会加速产品败坏，用亚硫酸盐处理会造成二氧化硫残留，可采用下面方法来抑制酶褐变的发生。

(1) 化学方法　近年来，许多亚硫酸盐的替代物被用于抑制果蔬的褐变。按照抑制剂的作用机理来分，可分为酸化剂（如柠檬酸）、还原剂（如抗坏血酸）、螯合剂（如乙二胺四乙酸）、底物竞争剂（4-己基间苯二酚）等。钙处理也具有抑制褐变的作用。

(2) 物理方法　净菜藠头采用低温和低氧、高二氧化碳气调包装，可有效控制产品贮运销售期间酶褐变的发生。

(3) 酶法　利用蛋白酶对多酚氧化酶的水解作用，从而抑制其活性和酶褐变的发生。

在实际应用中，常采用几种褐变抑制剂联用或化学试剂和物理方法相结合的方法来抑制褐变的发生。

3. 净菜藠头防衰保鲜措施

净菜藠头的衰老，主要表现为叶片失水萎蔫，鳞茎表皮皱缩、膜质纤维化，营养消耗和风味变差等。这是由于净菜藠头失水后其正常的呼吸作用受到破坏，酶的活性加强，从而加速衰老，或者引起生理败坏而变质。因此，尽量减少净菜在贮运、销售中的水分丢失，进行防衰处理，控制净菜质地变化，是延长净菜货架期的重要环节之一。

(1) 净菜藠头覆盖防衰　净菜藠头可用薄膜覆盖防衰保鲜，生产上常用塑料袋装或套帐，既可防止水分蒸发萎蔫，又可降低氧浓度而抑制净菜藠头呼吸加快。不过用塑料覆盖要注意通风换气，袋装以开口贮藏，装菜 1～2kg 重，膜的厚度以 0.02～0.04mm 为宜。净菜藠头在贮运、销售过程采用薄膜袋装或套帐保鲜，应控制温湿度，加强通风换气，定时检查，及时销售。

（2）控制净菜藠头贮运销售环境防衰

① 适当的温度和湿度　适当的低温可以降低呼吸强度，减少水分蒸腾，并可抑制微生物的活动。另外，环境湿度关系着净菜水分蒸发的速度，过于干燥，会促进水分蒸发，发生萎蔫；而湿度过大，微生物又极易附着滋生繁殖为害。

② 调节气体　二氧化碳浓度高，呼吸强度低；氧浓度大，呼吸强度高。如能控制贮运销售环境的氧气和二氧化碳，使二者保持适当的浓度，可以降低呼吸强度及营养物质消耗，减缓衰老过程，延长净菜藠头保鲜期。

（3）应用生长调节剂防衰　例如天然芸苔素内酯是一种广泛应用的植物生长调节剂，能促进植物生长，也能延缓组织衰老。其最大特点是从植物中提取，因此也是一种绿色环保产品，在净菜藠头中应用较为安全。

（4）控制净菜藠头质地变化防衰　目前用在净菜藠头加工中防止质地变化的措施主要有钙处理、可食性膜及热激处理。钙处理可以抑制多聚半乳糖醛酸酶的活性，降低细胞壁的通透性，增加组织硬度，从而阻止汁液外渗，减弱呼吸作用，延缓分解代谢。用壳聚糖、几丁质、蔗糖酯等可食性膜处理，能在净菜表面形成一层透气性的膜层，阻止水分蒸发，保护组织细胞不受外界影响。热激处理是使细胞壁降解所需的酶合成受到抑制，从而保持细胞壁的完整性，使机体保持正常的生命活动。

在净菜加工过程中，由于藠头本身具有抗菌作用，一般可采用低温结合自发气调包装控制生理衰老和微生物的污染，保持净菜藠头产品的品质。具体到生产加工过程中要注意原料质量控制、加工过程质量控制和生产管理控制等。

第二节　净菜藠头加工技术

净菜藠头作为一种新鲜、方便、清洁、卫生的蔬菜，其收获、加工、运输、销售环境必须保持新鲜干净，净菜藠头加工过程要采取一系列措施，使产品符合质量要求。

净菜藠头加工仍然以手工为主，辅以机械设备。不管是手工加工还是机械加工，需要注意的是在整个加工的过程中必须尽量减少对藠头组织的伤害。

一、工艺流程

原料采购→清洗→分级→修整→冲洗、沥干→包装→贮运与销售。

二、加工步骤

1. 原料采购

按照净菜藠头采购标准进行采收和初分级，剔除腐烂、残伤藠头，并去除外叶黄叶。将整理初分级好的藠头放在已消毒的塑料箱（周转箱）里。

（1）品种选用　藠头作净菜以嫩叶和鳞茎供食用，按食用部位可分为头藠和菜藠。头藠叶较少，以鳞茎供食用，如南藠鳞茎大而圆，多以头藠上市；菜藠叶较多鳞茎细小，以叶和鳞茎供食用，如丝藠鳞茎小而长，以菜藠上市；长柄藠藠柄长，白而嫩，品质好，前期以整株叶和鳞茎供食用，后期叶老化后以鳞茎供食用，属菜藠头藠兼用型。

（2）采收

① 菜藠　根据市场需求，作带叶鲜食用的藠头，在商品达到成熟后，大寒至次年清明期间即 11～4 月可陆续采收加工上市，此时叶片充分长成，质地鲜嫩。采收时整株挖起，割去根系后清洗干净，连叶带鳞茎一起上市。以净菜藠头供应市场。

② 头藠　以鳞茎鲜食藠头采收，应于大部分鳞茎膨大至最大时（4 月）开始，此时藠叶老化粗糙不宜食用，以采收鳞茎供应市场，可采收到 10 月直至鳞茎萌芽前。

（3）整理　藠头整理包括初选和粗包装。为了提高藠头产品的分级质量和便于贮运，藠头从田间采挖后，在采收现场（藠田）一般一边整理一边装入周转箱（筐）或袋。整理的目的主要是剔除畸形、病虫为害、机械损伤的藠头，以及泥土杂物和干枯损坏的鳞茎叶片的去除。通过整理使藠头看上去干净整齐，鳞茎白而长，还可使藠头种植者了解藠头的质量、藠田内的病虫害动态及每天的采挖质量，对藠头的等级做到心中有数。同时，减少精选分级的工作量。剔出的各种等外藠头也便于及时处理，以减小以后的工作压力。

（4）验收　作为净菜藠头的原料，产品收获时需要达到感官要求，如色泽、外形、成熟度（生长期）等。同时，必须选用新鲜、饱满、健壮、无病虫害、无机械损伤、形状大小均匀、表皮洁白的藠头。检验员按照藠头采购的要求检验产品，将符合要求的入库，并做好入库记录。对不符合要求的藠头，则要求送货人重新分拣或退回。

注意选择符合无公害、绿色或有机藠头生产技术规程、生产达到蔬菜安全要求的原料。应有专门的藠头基地，在藠头上市期间，每天保证有适宜的原料以满足净菜藠头的加工需求。

2. 清洗

（1）预冷　预冷必须在产地采后立即进行，迅速除去藠头田间热，降低菜体温度，降低藠头的呼吸强度，由此来抑制微生物生长，延缓藠头内部的新陈代谢，保持藠头的新鲜状态。藠头冬春季节采收，一般气温较低，一般结合清洗采用水预冷，浸水、流水、淋水方式即可，不需另外预冷。如果采收天气温度过高，采收后藠头结合清洗采用水预冷外，净菜藠头生产基地需要建有小型调温库房，用于加工和净菜藠头包装后短期储存，最佳设置温度为4～10℃，此温度下净菜藠头包装袋内不结露水，品质可得到较长时间保持。

（2）清洗

① 目的　采用浸泡、冲洗、喷淋等方式水洗，除去附着的泥沙、农药、肥料、微生物等污物，使之清洁美观，增加光泽；减少病菌和农药残留，使之清洁卫生，符合商品要求和卫生标准，提高商品价值。

② 方法　采收的藠头，菜藠需经过整理去杂后按顺序用周转箱或箩筐装好，用流动的清水浸洗或淋洗，不可冲洗，以免对幼嫩的藠叶造成伤害；头藠需经过整理去根割叶后用网袋、周转箱或箩筐装好，可用清水浸洗、淋洗或冲洗，也可用滚筒式清洗机清洗，洗后沥干水。为了降低田间热，采收、整理、清洗后都不能堆积太厚。采收整理后的藠头应迅速放入冷水中清洗。同时注意在运输、装卸和清洗过程中，尽量避免损伤鳞茎、藠柄和叶片而影响品质。清洗后放在洁净处自然沥干水分。注意一边整理可一边进行初分级。

3. 分级

由于藠头产品个体间的质量、长短、粗细、直径等指标有差异，为了确定商品质量标准，方便制定价格进行流通，藠头清洗沥干水分后，边修整边按鳞茎大小、形状、色泽、叶子长短、新鲜程度、有无病伤等标准进行分级，同时剔除腐烂、残次藠头，去除外叶黄叶。分级标准如下。

（1）特级　具品种的形状、色泽和风味，大小一致并且包装排列整齐，允许有5％的误差（数目或重量）。

（2）一级　具品种的形状、色泽和风味，但允许在色泽、形状上稍有缺陷，外表稍有斑点，且不影响外观和保存品质。

（3）二级　基本具有品种的形状、色泽和风味，允许呈现某些缺点，但不影响外观和保存品质。

4. 修整

净菜藠头在清洗后分级时需要进行修整，菜藠进行去根扎把割尾，头藠进行去根去粗老皮剪茎等处理，并剔除黄叶、老叶和根等不宜作商品的多余组织器官，使藠头更加美观、干净，便于分级、包装。

(1) 菜藠——去根扎把割尾　去根割尾（叶）修整时，采用手工或机械的方法，按消费者的要求，切割叶尖和根须。一般除去根须后藠头植株总长度小于30cm的，不切割叶尖；超过30cm的，留30cm左右割去叶尖部，并用稻草或带标识的软质包装带一把一把捆束，每把在叶上部和藠柄处捆两道。

(2) 头藠——去根去粗老皮剪茎　头藠则边分级边割根剪柄，需逐个鳞茎拆蔸进行，留柄长度以鳞茎大小的1～1.5倍为宜，每一级鳞茎大小、藠柄长度基本保持一致。

5. 冲洗、沥干

藠头经过分级、修整与捆扎过程，有污物的藠头需用干净的水进行再一次冲洗，减少污染，提高品质。注意冲洗压力不宜过大，且菜藠只能从鳞茎往叶方向冲，避免藠头叶内空心，从割尾叶处进水。

用水洗后的藠头，应立即除去多余的水分，否则产品易发生腐烂。一般将菜藠或头藠及时放在干净阴凉处的木架上，自然晾干表面水分。头藠也可装入消毒好的网袋中，放入灭好菌的离心机中分离脱明水，使头藠净菜表面无水分，脱水时间为3～5min。

6. 包装

净菜藠头在空气中放置时易发生萎蔫和褐变。生产上藠头晾干水后，采用灭好菌的包装袋进行分级包装，一般菜藠用塑料薄膜袋，头藠用塑料托盘盛装，外覆塑料薄膜包装。这样既可保护产品，方便销售，又可起到气调保鲜、防止失水、延长货架期的作用。

菜藠收获整理后，用箩筐或周转箱等盛装，方便水洗。清洗晾干表面水分后，边修整边分级，并用鲜艳的丝带绑成束，每250～500g绑成一束，一般人工完成，或由自动结束机完成，每10～15束放入1个塑料袋中，每4～6袋再放入1个包装纸箱（钙塑箱、木箱、周转箱）。大件包装的净含量以每件不超过10kg为宜，误差不超过2%。每一包装上应标明产品名称、产品标准编号、商标、生产单位名称、详细地址、规格、净含量和包装日期等，标志字迹清晰、完整、准确。注意按不同品种、不同规格分别包装，每件包装的大小以方便贮运、避免相互挤压和污染为标准，包装材料应使用环保材料，防止二次污染。气温高时，条件好的包装车间温度应控制在5～8℃。采用塑料薄膜包装可防止藠头脱水萎蔫，同时袋装前要晾干菜藠表面水分以防腐败。

7. 贮运与销售

净菜藠头的贮存、运输和销售，都必须在低温下进行。因为低温不仅可以抑制产品的衰老和褐变，同时还可有效地抑制微生物的生长。在不发生冷害及冻害的情况下，温度越低越有利于产品的贮藏和保鲜。净菜藠头采用5～10℃低温加塑料袋包装是短期储存和运输的理想条件。遵照无公害农产品、绿色食品、有机食品贮运要求，藠头采收后应就地整理并及时加工或送交订货单位，避免日晒变绿或抽薹，严重影响藠头品质。净菜藠头装箱（袋）后最好在4～8℃的冷库中贮存，在10～15℃以下的环境下销售。

（1）贮存　采收后、包装后出库前和上货架等短期贮存，应在阴凉、通风、清洁、卫生的条件下，按品种、规格分别包装、堆码，保持通风散热，控制适当的温湿度。在高温季节加工时，经检验合格的产品在包装后应立即放入中低温冷库中保存，冷库温度控制在4～10℃，湿度控制在70%～75%为宜，也可放在常温下贮存，但时间不能超过1d，以获得较长的货架期和确保产品质量安全。

（2）运输　配送运输净菜时，用"菜篮子"专用车把装箱的藠头运送到超市、农贸市场。由于净菜藠头采收一般在冬春，如果在气温不太高时运输，可采用收获后迅速冷水清洗、晾干加工，晚上、清晨低温运输。如果气温较高，要采用带隔热容器和蓄冷剂的保冷车，有条件的最好采用5～8℃的冷链贮运方式。要尽可能选择最佳贮运方式，尽可能减少贮运时间，保持产品新鲜。

"菜篮子"专用车每周必须消毒清洗1次，并做好消毒清洗记录。装运产品前要检查是否装运过有毒有害的物资，并做好记录。搬运藠头时要轻拿轻放，防止机械损伤。运输中，要避免车门的频繁开闭，以免引起环境温度的波动。

（3）销售　销售净菜藠头过程中，采取综合技术延长货架寿命，防止环境条件的改变造成腐烂和质量变劣。

① 尽量提供最适宜的贮藏环境条件。特别当气温回升幅度较大时，要保证适宜的温度条件。在高温时，应将其置于冷藏货架上，温度最好控制在10～15℃以下，以获得一定的货架期。

② 摆放在阴凉处，防止暴晒、雨淋。避免萎蔫腐烂。

③ 大包装不要太密闭，以避免因缺氧而使藠头风味异变。

④ 塑料袋装上货架，能减少销售环境中湿度太低而造成萎蔫，保持新鲜。

⑤ 从库房到上货架的搬运过程中要避免藠头的压伤或碰伤。

8. 副产品处理

剪去的藠苗、藠根等副产品应收集、堆沤做肥料，不得作藠头肥料，不得乱堆乱弃。

三、净菜藠头质量标准

1. 菜藠

鳞茎粗大、肥壮、洁白，无泥沙、无杂物、无枯黄叶，切去须根和割去部分管状叶，白色鳞茎应占40%以上。

2. 头蒿

鳞茎健壮、洁白，肉质肥厚、紧密，不带泥沙、不带茎叶（茎白以上的管状叶），不带须根。

第三节　净菜藠头加工质量安全控制技术

经加工后的净菜藠头，仍为活的有机体，由于去粗老皮、去根、割叶尾等处理组织结构受到伤害，原有的保护系统被破坏，容易导致褐变、失水、组织结构软化等生理衰老、生化变化以及微生物繁殖等问题，与新鲜藠头原料相比，净菜藠头的货架期缩短。所以从原料的生产到加工、贮存和销售，各个环节中都必须进行严格的质量管理，以延长产品的货架期和保障农产品的质量安全。主要措施有：

一、原料质量控制

要选择优质的原料用于加工，必须采用适合净菜藠头加工的品种，按无公害、绿色、有机标准化生产技术规程生产，适时采收，加工前采用适当的方法处理等。

1. 品种选用

采用适合净菜藠头加工的品种。

2. 产地控制

净菜产品质量的基础是产地。作为净菜原料的产地，应符合国家标准无公害、绿色、有机藠头产地环境要求，必须进行土壤、空气、水质测定。肥料、农药使用严格执行无公害、绿色、有机藠头使用准则，整个生产过程应在安全控制下进行。

3. 原料采收

作为净菜藠头的原料，应掌握好采收期和采收的有关技术要求。藠头达到鲜食要求的色、香、味和组织结构特征即商业成熟度时可以陆续采收。采收应避开雨天、高温及雨水未干时，人工采收必须精细，尽量保护产品，避免创伤及污染。采收中注意剔除各种杂质以及病害、虫害和损伤菜。

4. 原料检测

采收前应自检，查看是否过了使用农药、肥料的安全间隔期，有条件的可用速测卡（纸）或仪器进行农残检测。原料菜进厂时，应该设置原料微生物学检验这一关键控制点，以便准确掌握主要污染微生物的种类和数量，为调整和加强工艺控制、及时采取措施提供依据。

二、加工过程质量控制

1. 清洗

清洗是去掉原料附着的杂质、泥土、污物，降低病原菌数的有效手段。技术关键是：清洗用水的卫生、消毒剂的正确使用和科学的清洗方法。

清洗用水应符合 GB 5749—2006《生活饮用水卫生标准》；清洗水中加入适当的清洗剂，有助于消除农残和微生物。净菜加工厂应配置水处理系统，以处理后的净水喷淋消毒后的产品。原料在水中浸泡时间应控制在 2h 内，以防止软化、组织结构变化以及酶的活化。

2. 控水

净菜蒜头洗净后，若放置在湿润环境下，比不清洗的更容易变坏或黄化。所以在加工过程中注意控水，堆放不宜过厚，在通风情况下恰当晾干明水，这样不利于微生物的生长，切根割尾也有利于伤口愈合，更有利于保存品质。但过度晾干水分容易使净菜蒜头干燥枯萎，如头蒜的鳞茎表皮干缩，菜蒜的叶片易萎蔫，反而不利于蒜头保存。货架期中注意出现过度脱水萎蔫现象，应及时喷水，保持膨压，防止品质变劣。注意清洗沥干修整后不再冲洗，更有利于伤口愈合，延缓腐烂。

3. 分级

按照相关质量标准由人工剔除虫蚀、病害、畸形、异色以及其他不合格品，进一步清除杂质、污物和不能加工利用的部分，再按鳞茎大小、形状、蒜苗长短指标分级，使相同级别的产品具有相对一致的品质，强化蒜头的商品概念。

4. 修整

修整的目的在于去掉蔬菜的非食用部分，而刀具造成的伤口或创面破坏了组织内原有的有序空间分隔或定位，氧气大量渗入，物质的氧化消耗加剧，呼吸作用异常活跃，致使蔬菜的品质和抗逆力劣变，外观可以见到流液、变色、萎蔫或表面木栓化组织的破坏，同时为微生物提供了直接侵入的机会，污染也会迅速发展。积极的应对措施是：

① 强化卫生管理，建立卫生标准的车间；切割时所使用的刀具及垫子需进

行消毒；产品用无菌水清洗沥干后立即进行保鲜处理。

② 在高温季节，原料采收后立即用冷水清洗，除去污物和预冷，操作温度最好控制在 10℃左右。

③ 采用薄形、刀刃锋利的食用级不锈钢刀具进行切割，可减小对组织细胞的破坏程度，尽可能减少对产品的伤害。

5. 控温

从原料的暂存、加工、产品贮存、配送，至销售的各个环节，在高温季节，都要保持低温状态，实施冷链操作。因为净菜藠头品质的保持，关键点是低温保存。环境温度愈低，藠头蔬菜的生命活动进行愈缓慢，营养消耗愈少，保鲜效果也就愈好。但温度过低，藠头易发生冷害现象，净菜藠头产品冷藏温度以 4～10℃为好。

6. 包装

净菜藠头暴露于空气中会发生失水萎蔫，切断面褐变，通过适合的包装可减轻或防止这些不良变化，并防止微生物二次污染，产生气调效果，也方便产品的贮运和销售。采用薄膜包装净菜，注意选择正确的包装材料和方法，选好薄膜种类并加工成适合的包装袋，放入定量产品。最好选择高气体渗透性的薄膜，并结合低温造成一个适合净菜藠头保存的微环境。

7. 保鲜

做好净菜藠头的保鲜，是保障净菜藠头品质、延长净菜藠头货架期的关键。

三、净菜藠头生产危害分析与关键控制点（HACCP）

净菜藠头生产、加工、销售过程中，关键控制点很多，每一步操作不当都会影响产品的质量安全。首先要建立配套的无公害、绿色、有机藠头生产基地及其生产技术规程，实现品种良种化、基地标准化、生产规范化及产品无公害化；其次要严格按照食品工业卫生要求组织生产加工，并应用良好生产规范（GMP）和危害分析与关键控制点技术（HACCP），进行生产管理，确保净菜藠头质量安全。

1. 净菜藠头生产危害分析

结合净菜藠头的加工特性和工艺流程，对其加工过程进行生物、物理、化学危害分析，若所确定的危害是后续步骤不能控制或消除的，则此危害便是关键控制点（表 2-1）。

表 2-1　净菜蕌头生产的危害分析

加工步骤	危害分析	是否显著	判断依据	预防措施	是否为 CCP
原料采购	B：致病菌(严重的病虫害、破口)； C：农药残留、重金属(铜、铅、砷)； P：杂质、青蕌头	是	青蕌头、破口蕌头蕌头生产过程使用农药超标，土壤和水污染（铅、砷、铜超标），蕌头表面存在致病菌和寄生虫，采收运输过程可能带有金属、玻璃碎片、泥沙石、纤维绳等	凭蕌头农药残留、重金属检测合格证明采收蕌头，控制破口、青口果在 10%以下，及时排除杂质	是 CCP1
清洗	C：使用水质不良，造成污染； P：温度、杂质	是	预冷的温度不理想； 所用水的卫生、理化指标不符合卫生标准，即水被污染； 原料和水中存在泥沙	4～10℃预冷，最好不大于15℃，用清水洗即可； 通过 SSOP 进行控制； 充分清洗	否
分级	B：引入微生物	是	人员、器具等导致的微生物污染	通过 SSOP 进行控制； 控制温度和卫生条件	否
修整	B：微生物污染； C：褐变、愈伤呼吸等损害； P：杂质	是	切割间温度过高或蕌头在切割间停留时间过长使蕌头严重褐变、败坏； 人员、器具等导致的微生物污染	加强切割设备及车间卫生管理，控制温度和加工时间，培训生产人员	是 CCP2
冲洗、沥干	B：引入微生物；滞留过多淋洗用水； C：淋洗水质、褐变、愈伤呼吸等损害	是	水质不符合清洗杀菌的指标，清洗水温度过高或清洗时间过长使蕌头严重褐变、败坏； 人员、器具等导致的微生物污染； 过多滞留水造成霉菌产生	通过试验所得的杀菌指标控制，严格控制清洗水温度和蕌头清洗时间并保证符合标准； 通过 SSOP 进行控制； 保证正确的沥干方式和沥干时间	是 CCP3
包装	B：微生物污染、生理病害； P：不合适的温度、停留时间造成的损伤	是	包装材料可能有致病菌，包装材料的透气率不理想； 人员、器具等导致的微生物污染； 包装间温度过高或停留过久使净菜严重褐变、败坏； 产品无商品标识	选择干净、透气率适宜的薄膜，防止包装后产生缺氧环境，并根据菜蕌和头蕌选用不同的包装材料； 合理选择包装方法，进行包装后检查、气体成分分析，培训操作人员； 经常测定包装间温度和蕌头停留时间，并保证符合标准； 出具明显商品标志，包括保质期和贮藏条件，向消费者普及商品知识	是 CCP4
贮运与销售	B：开包或包装破损后的微生物污染； P：非理想温湿度造成的产品变质	是	开包或包装破损； 贮存、运输、销售中产生非理想温湿度条件	保证足够冷藏空间，选择合理的堆放方式，在 4～10℃下中低温贮存，及时周转产品； 加强运输车、零售柜的卫生管理，运输中防止包装袋破损，培训操作人员	是 CCP5

注：B—生物危害；C—化学危害；P—物理危害；SSOP—卫生标准操作程序

（1）物理危害及其预防措施　物理危害指因人工或机械等因素在农产品中混入杂质以及温湿度环境造成的危害。初加工农产品中的物理危害主要有从田间带来的杂草、石块、泥沙等。加工中由于使用器具会混入金属屑等，有时还因为加工条件简单、过程多而混入一些灰尘、昆虫或其他杂质。

防控措施：泥土、泥沙可通过筛子、清洗去除；金属碎屑则在包装前通过金属探测器检测。

（2）化学危害及其预防措施　化学危害指在生产加工过程中使用合成化学物质而对农产品质量安全产生的危害。农药残留来源于采收前，新的污染主要来自于采收后处理及加工中添加的食品添加剂、非食品物质等。另外在处理和加工过程中亦会因为容器、环境等污染而导致化学危害风险增加。

防控措施：针对不同的化学污染源进行防控。

（3）生物危害及其预防措施　生物危害指自然界中各类生物产生的污染，如细菌、病毒以及某些毒素等。生物污染具有较大的不确定性，控制难度大。

防控措施：对生产环境、器具、设备进行严格的消毒管理。

2. 关键控制点及其关键限值与纠偏措施

根据危害分析，确定净菜藠头加工的关键控制点，对5个关键控制点进行重点监控，具体指标及措施见表2-2。

表2-2　净菜藠头生产的HACCP工作计划表

关键控制点	显著危害	关键限值	监控				纠偏措施	记录	验证
			内容	方法	频率	人员			
原料采购CCP1	虫害、病害；农药残留、重金属	农残、重金属、卫生指标等在无公害、绿色、有机农产品标准范围内； 青头、破口果颗粒不得超过10%	农残、重金属；青头、破口	供应商提供的检测合格证明及本公司委托检测机构提供的检测合格证明	每批一次	品控人员	对原料进行有选择的定点收购； 不合格拒收，确认超标后立即处理	《原料验收单》、检测报告和合格证、接收记录	核对检测合格报告并签字； 对原料进行抽查检测
修整CCP2	微生物；褐变、愈伤呼吸等损害	切割间温度控制在4～10℃，不超过15℃； 在切割间停留时间不超过1d	卫生条件； 切割间温度与停留时间	用温度计和钟表测定温度、时间	每30min观察一次温度，每批产品记录一次时间	切割工序操作人员	切割间温度过高或过低，停止进料调整温度； 切割间停留时间太长，应通知前道工序减慢生产速度，并查明原因	《切割作业表》	品控人员对每天的记录进行确认

续表

关键控制点	显著危害	关键限值	监控				纠偏措施	记录	验证
			内容	方法	频率	人员			
冲洗、沥干CCP3	不合适的消毒液浓度；褐变、愈伤呼吸等损害变质	清洗用NaClO溶液浓度严格控制在120～180mg/L 清洗水温度4～10℃，pH不超过7，时间不超过3min	消毒液浓度、温度、清洗水pH、清洗时间	由消毒液在线检测控制装置自动检测修正消毒液浓度、温度、清洗水pH，由传输带控制清洗时间	在线实时检测	淋洗工序操作人员	消毒液浓度、pH值可由检测控制装置自动纠正，水温由制冷系统调整，淋洗时间通过调整传输带的速度来调整	《淋洗作业表》	品控人员对每天的记录进行确认； 每周对制冷系统、清洗设备和自动检测设备的探头进行一次检验
包装CCP4	不合适的温湿度和停留时间的损害	包装间温度控制在4～10℃，不超过15℃； 停留时间不超过1d； 避免包装破损	温湿度和时间； 每批产品的包装质量	用温湿度计和钟表测定温湿度和时间； 人工检查包装质量	每30min观察一次温湿度，每批产品记录一次时间和包装质量	包装工序操作人员	包装间温湿度未达到要求，切割间停止进料； 弃掉长时间滞留产生变质的产品； 包装质量不好的返工重新包装	《包装作业表》	品控人员对每天的记录进行确认； 每年对计量设备进行检验后方可使用
贮运与销售CCP5	非理想温湿度造成品质变化	温度保持在4～8℃，不超过15℃，湿度保持在70%～75%	温度、湿度	用温湿度计测量库房、配送车厢和销售柜的温湿度	每批一次	库管、配送、销售人员	调整库房温湿度； 配送车辆温度达不到要求不得装货； 调整销售柜温湿度	《库存记录表》《配送记录表》《销售记录表》	评审每日《库存记录表》《配送记录表》《销售记录表》； 每周由设备科对压缩机、车辆进行定期检查

第三章

藠头罐藏品加工与质量安全控制

藠头罐藏是将藠头处理后填充于经消毒的密闭容器得以长期保存的方法。由于罐藏菜卫生、便于贮运、携带方便、货架期长，且可以做到依据季节和地区调节，所以在国际市场上已成为一种标准的包装方法，在蔬菜加工中占主导地位。如甜酸藠头常以罐头形式保存（罐藏）并供应市场，甜酸藠头罐头在国内已步入居民家中以及餐馆等，在国外市场也被普遍看好，是我国主要蔬菜出口产品之一。

第一节　藠头罐藏加工基本原理

藠头罐藏是将经过处理的藠头密封在特制的包装容器（金属罐、玻璃罐、蒸煮袋）内，与外界空气隔绝以阻止外部微生物的再次污染，并通过杀菌工艺杀灭容器内的腐败菌和致病菌，从而使藠头得以在室温下长期贮藏的加工方法。在此过程中，同时也利用了糖、醋、盐的防腐作用保藏藠头。藠头罐头根据藠头特性按加工方法或调配方法的不同，分为醋渍类、盐渍（酱渍）类、汁（酱）类等藠头罐头。

第二节　藠头罐头加工技术

一、加工设备

（1）原料处理设备　鲜藠清洗机，清洗去皮机。

（2）分选设备　自动分级机。

（3）装罐设备　自动磁吸洗罐机，糖融煮机。

（4）排气及密封设备　异形大罐真空封口机。

（5）杀菌及冷却设备　旋转式低温连续杀菌机，滚筒式杀菌机。

（6）无菌包装设备　多功能塑料薄膜封口机，真空包装机。

（7）检测设备　X光异物检测机。

二、工艺流程

原料选择→原料预处理→装罐→排气→密封→杀菌→冷却→检验→包装→贮存→运输。

三、加工步骤

1. 原料选择

原料选择得当与否，直接关系到制品的品质高低，只有优质的原料，才能生产出优质的加工品。藠头罐头原料的选择要注意以下三个方面的问题。

（1）合适的藠头品种　要生产国际市场上有竞争力的出口产品，就必须选择适应加工的优良品种，一般选择大小适中，呈鼓形、鸡腿形的品种较好。

（2）适当的成熟期　加工用藠头原料要求有特定的成熟度，有20%～30%叶子已变为黄色时，藠头单芯较好。收获过早组织不够紧密，会使成品质地松软，空筒较多；收获过迟藠头分蘖抽芯，而且会给加工处理带来困难，使产品质量下降。

（3）藠头的新鲜度　罐藏用藠头原料越新鲜，加工品的质量越好。因此，从采收到加工，间隔时间越短越好，一般不要超过24h。如果时间过长，特别是隔夜藠头，易产生抽芯，影响罐藏品质。

2. 原料预处理

（1）洗涤　除去藠头表面附着的尘土、泥沙、部分微生物及残留农药。洗涤方法有漂洗法、喷洗法、转筒滚洗法等。清洗对于减少藠头原料表面的微生物，特别是耐热性芽孢杆菌具有十分重要的意义。清洗用水必须清洁，符合饮用水标准。

（2）腌制　藠头通过腌制后无冲辣味，风味大大改善，可直接食用。腌制方法有干腌法、湿腌法、干湿结合法（详见第四章藠头腌制品加工的相关内容）。

（3）修整去粗老皮　为使制品有一定的形状或统一规格，用小刀对腌制藠头进行修剪（两切），剪切成腰鼓形，并去掉粗糙、口感不好的表皮，去粗老皮的方法有手工漂洗去皮法、机械漂洗去皮法。

（4）分级　按藠头大小、质量、色泽进行分级，藠头的分级是一项重要的工序，不仅便于加工操作、降低原料的消耗，还能保证和提高产品的质量。分级有手工法和机械法两种。

（5）退盐　将分级后的藠头倒入漂洗池内，用流水漂洗或清水浸泡脱盐，漂至含盐量2%～3%。注意气温不同，浸泡时间不同。

（6）预煮　目的是破坏过氧化酶的活性，稳定色泽，杀死部分微生物及排除原料中的空气，减弱氧气对罐头的腐蚀，有利于维生素的保存。预煮温度和时间需根据藠头分级情况、工艺要求等因素而定。过热过久易软化组织，预煮后须立即装罐，迅速冷却。

3. 装罐

（1）空罐准备　盛装藠头的容器有金属罐（采用抗酸涂料罐）、玻璃罐、蒸煮袋。玻璃罐要求罐口平滑无破损、罐身无裂纹；金属罐要求无生锈、变形现象；蒸煮袋要求无破损。在装罐前应清洗干净，清洗后不宜堆放太久，以防止灰尘、杂质再一次污染。

（2）汤液配制　这一步骤有如下作用：调味；充填罐内的空间，减少空气的作用；利于传热，提高杀菌效果。在甜酸藠头罐头中，经常使用糖醋液填充罐内除藠头以外所留下的空隙。汤液根据消费者或销售市场需求的不同而不同。一般每100kg藠头，配饮用水60kg，白糖25kg，食盐2.5kg，冰醋酸2.5kg，随配随用。

（3）装罐工艺要求

① 重量准确　装罐量要符合规定的标准，其净重和固形物（藠头）含量必须达到要求。净重是指罐头总重量减去容器重量后所得的重量，它包括固形物和汤汁，要求净重偏差不超过±3%。固形物含量是指固形物在净重中占的比重，一般要求每个罐头的固形物含量达到45%～65%。装罐时必须每罐过秤，并常须抽样复秤校核。

② 质量均匀　在装罐时必须按分级装罐，同一罐内，藠头的色泽、大小、形状应基本一致。与辣椒相配时，须搭配合理，分布排列整齐，特别是出口罐头、玻璃罐头更应注意。

③ 顶隙适当　顶隙是指罐头内容物表面和罐盖之间保留的间隙。顶隙大小因罐型大小而异，一般装罐时的顶隙高度为6～8mm，封盖后顶隙为3.2～4.7mm（对软罐头而言，内容物离袋口至少3～4cm）。保持适度的顶隙至关重要，顶隙过大过小都会造成一些不良影响。

a. 顶隙过小的影响　当顶隙过小时，杀菌期间，内容物加热膨胀，使顶盖松弛，造成永久性凸起，易与由于腐败而造成的胀罐弄混。也可能使容器变形，或影响缝线的严密度，有的因为没有足够的空间供氢的累积易引起氢胀。因装罐量过多，挤压过稠，降低热穿透速率，可能会引起杀菌效果不足。此外，内容物装得过多也会提高成本。

b.顶隙过大的影响　当顶隙过大时，装罐量不足，不合规格，造成“伪装”。其次，顶隙大，保留在罐内的 O_2 相应增多，O_2 易与铁皮反应产生铁锈蚀，并引起表面层上食品的变色、变质。此外，若顶隙过大，杀菌冷却后罐头外压大大高于罐内压，易造成瘪罐等。

④ 清洁卫生　装罐的操作人员应严守有关卫生制度，装罐时特别重视清洁卫生，保持操作台的整洁，同时，要求穿戴整齐，严格防止夹杂物混入罐内，确保产品质量。此外，瓶（袋）口应保持清洁，不得有糖醋液等沾在罐（袋）口上，否则会影响封口的严密性。

⑤ 趁热注液　加入到罐内的汤液的温度愈高，则愈有利于排除罐内的空气，提高罐头的真空度，同时可以提高罐头杀菌时的初温，增加杀菌效果。

（4）装罐方法　甜酸藠头罐头多采用人工装罐，预处理的藠头装罐后要及时向罐内加注汤液，汤液须趁热灌注，以便提高罐头的初温。注意经过预处理的藠头，应尽快装罐，而不要堆积过久。汤液当天用当天配，最好随配随用，否则微生物生长繁殖，轻者影响杀菌效果，重者使食品腐败变质。

4.排气

原料装罐注液后，在封罐前要进行排气，将罐头中和藠头组织中的空气尽量排除，使罐头封盖后能形成一定程度的真空度，防止败坏，有助于保证和提高罐头食品的质量。

（1）预封　装罐注液后，在排气前将罐盖盖上，对于采用热力排气的罐头来说可以防止排气箱盖上的冷凝水落入罐内而污染食品，同时避免表面食品直接受高温蒸汽的损伤，还可以避免外界冷空气的浸入，保持罐内顶隙温度以保证罐头的真空度。

（2）排气

① 排气的目的　防止马口铁罐的扭曲、变形和玻璃罐的跳盖、爆裂；防止好气性细菌的生长繁殖；减少维生素等营养成分的损失，更好地保持食品原有的色、香、味；减轻马口铁内壁的腐蚀。因此，作为罐头制造过程中重要工序的排气，是确保罐头食品的密封性和延长贮藏寿命的重要措施。

② 排气方法　目前罐头排气方法常用的有热力排气、真空封罐排气和蒸汽喷射排气三种。

a.热力排气法　借助热水和热蒸汽的作用与热胀冷缩原理，将罐内空气排除。有先将食品加热到一定温度，然后立即趁热装罐并密封的热装罐排气法，和将装好藠头和汤汁的罐头盖上罐盖，送入排气箱加热一定时间，使罐头中心温度达到工艺要求温度（一般在70℃以上）的加热排气法两种。水温保持在80～85℃、罐心温度65～70℃排气。

b. 真空封罐排气法　借助于真空封罐机将罐头置于真空仓内，在抽气（减压）的同时进行密封的排气方法。如果抽吸的真空度太高了，则汤汁容易被抽出出现暴溢现象；但是抽吸的真空度太低了，会缩短罐头食品的贮藏寿命。此法真空抽气时间短，主要是排除顶隙内的空气，而食品组织及汤汁内的空气不易排除，故有事先对原料和罐液进行脱气处理的必要。

c. 蒸汽喷射排气法（蒸汽密封排气法）　在封罐的同时向罐头顶隙内喷射具有一定压力的高压蒸汽，利用蒸汽驱赶、置换罐头顶隙内的空气，密封、杀菌、冷却后顶隙内的蒸汽凝结而形成一定的真空度。这种方法只能排除顶隙中的空气，对食品组织中和汤汁中残留的空气作用很小，使用上受到一定的限制。

5. 密封

密封是使罐头与外界隔绝，不致受外界空气及微生物污染而引起败坏。显然，密封是罐头生产工艺中极其重要的一道工序，密封质量好坏，直接影响产品质量的优劣。排气后立即封罐（袋），是罐头生产的关键性措施。不同型号的罐（袋）使用不同的封罐（袋）机，封罐（袋）机的类型很多，有半自动封罐机、自动封罐机、半自动真空封罐机、自动真空封罐机等。

（1）罐盖打字　密封用的罐盖应当班打字当班使用，这样既便于产品的管理和销售，又便于产品检查。特别是在罐头质量出现问题时，能及时准确地将同一批产品挑出，还便于加强生产责任制的落实。

（2）金属罐的密封　金属罐的密封是指罐身的翻边和罐盖的圆边在封罐机中进行卷封，使罐身和罐盖相互卷合、压紧而形成紧密重叠的卷边的过程。所形成的卷边称为二重卷边。

（3）玻璃罐的密封　罐身是玻璃的，罐盖是金属的，密封形式有卷封式、螺旋式、旋转式、揿压式等，通过人工或机械使镀锡薄钢板和密封圈压在玻璃瓶口达到密封目的。

（4）软罐头的密封　软罐头使用的包装材料有袋状（蒸煮袋）、盘（杯）状和圆筒状，蒸煮袋包装的藠头软罐头多采用真空包装机进行热熔密封，热熔强度决定于蒸煮袋的材料性能，以及热熔合时的温度、时间和压力。

6. 杀菌

（1）杀菌原理　甜酸藠头罐头在装罐、排气、密封后，罐内仍有微生物存在，会导致内容物腐败变质，所以在封罐后必须迅速杀菌。杀菌时既要杀死罐内的致病菌和腐败菌，又不能加热过度食品，使其保持较好的形态、色泽、风味和营养价值。因此，杀菌措施只要求充分保证产品在正常情况下得以完全保存，尽量减少热处理，以免影响产品质量，这种杀菌称为“商业无菌”。罐头在杀菌的同时也钝化了食品中酶的活性，从而保证罐内食品在保存期内（一般为2年）不发生腐败变质。

（2）杀菌方法　罐头杀菌的方法很多，但以热力杀菌较为常用。杀菌可以在装罐前进行（无菌装罐），也可以在装罐密封后进行。根据温度和时间的关系来控制杀菌操作，同时应考虑罐内食品的种类和性质。杀菌方法一般可分为常压杀菌（杀菌温度≤100℃）和高压杀菌（杀菌温度>100℃），按杀菌设备的作业方式又可分为静止间歇式和移动连续式。随着科技发展，新技术、新设备出现，如连续回转式高温杀菌法、火焰杀菌法、高温瞬时杀菌法、无菌装罐技术、常温高压杀菌技术等，都为提高罐头食品的品质创造了条件。

① 常压杀菌　又叫低温杀菌、巴氏杀菌、沸水杀菌，杀菌温度为80～100℃，时间10～30min，适合于含酸量较高（pH在4.6以下）的蔬头罐头。水温保持在85～90℃，灭菌时间8～14min。

② 高压杀菌　又叫高温杀菌、高压蒸汽杀菌，在完全密封的加压杀菌器中进行，杀菌温度为105～121℃，时间40～90min，适合于含酸量较少（pH在4.6以上）的蔬头罐头。根据其热源的不同又分为高压蒸汽杀菌和高压水浴杀菌。

在杀菌中热传导介质一般采用水和蒸汽两种，蒸汽的运用最普遍。如采用水作为热传导介质的玻璃罐杀菌操作，在装罐的篮筐未进入杀菌器前先将水放进杀菌器中至容积的一半左右，水温尽量接近产品装罐的温度。水温低会降低产品原始温度；温度过高则会在加压之前影响罐盖的安全。罐头篮筐进入杀菌器后，注意水面要浸过最上层罐头15cm的位置。水面到杀菌器盖的底部约保留10cm的空间，以供压缩空气储留。

7. 冷却

杀菌后的罐头应立即冷却，如果冷却不够或拖延冷却时间会引起不良现象：罐头内容物的色泽、风味、组织结构受到破坏；促进嗜热性微生物的生长；加速罐头腐蚀的反应。冷却只要保留余热足以促进罐头表面水分的蒸发而不致其败坏即可，一般冷却到38～43℃。

（1）冷却方法

① 加压冷却　杀菌结束的罐头必须在杀菌釜内维持一定压力的情况下冷却，也叫反压冷却，主要用于一些高温高压杀菌，特别是高压杀菌后容易变形损坏的罐头。

② 常压冷却　罐头可在杀菌釜中冷却，也可在冷却池中冷却，可以泡在流

动的冷却水中冷却，也可采用喷淋冷却。

生产上大多采用冷水冷却，既简单又经济。常压杀菌后的产品直接放入冷水中冷却，待罐头温度下降。高压杀菌的产品待压力消除后即可取出，在冷水中降温至38～40℃取出，利用罐内的余热使罐外附着的水分蒸发。如果冷却过度，则附着的水分不易蒸发，特别是罐缝的水分难以逸出，导致铁皮锈蚀，影响外观，降低罐头保藏寿命。玻璃瓶由于导热能力较差，杀菌后不能直接置于冷水中，否则会发生爆裂，应进行分段冷却，每次的水温不宜相差20℃以上。

（2）冷却时应注意的问题　冷却时金属罐头可直接进入冷水中冷却，而玻璃罐头冷却时要分阶段逐渐降温，以避免破裂损失。用水冷却罐头时，要特别注意冷却水的卫生，以免因冷却水水质差而引起罐头腐败变质。冷却的速度越快，对罐内食品质量的影响越小，但要保证罐藏容器不受破坏。

罐头冷却所需要的时间随藠头分级、罐头大小、杀菌温度、冷却水温（外界气候条件）等因素而异。但无论采用什么方法，罐头都必须冷透，一般要求冷却到40℃左右，以不烫手为止。此时罐头尚有一定的余热以蒸发罐头表面的水膜，防止罐头生锈。

8. 检验

罐头成品的检验、包装，是罐头食品生产的最后一环，也是罐头食品生产不可缺少的部分。罐头食品在杀菌冷却后，检验、包装各项指标达到要求者才能作为商品出售。质量检验工作是确保罐头质量和食品安全的重要环节。常规的罐头质量检验方法有保温检验法、打检法、开罐检验法。

（1）保温检验法　传统罐头工业常在冷却之后采用保温处理，检验罐头杀菌是否完全。即将冷却后的罐头在保温仓库内38～40℃贮存7d左右，之后挑选出胀罐再装箱出厂。但这种方法会使罐头质地和色泽变差，风味不良，同时耐热菌也可能在此条件下发生增殖而导致产品败坏，许多工厂已不再采用此法。

（2）打检法　用金属或小木棒敲击罐盖或底，由发出的声音和传递至手上的感觉鉴别罐头的质量，是检查罐头品质的简易方法。一般发出坚实清脆的“叮叮”声说明其质量是好的，混浊的“扑扑”声说明其质量是不好的。敲击时产生浊音可能是由于罐头排气温度和时间不足，或是罐内食品充填较满；预封太紧，罐头不易排气；罐头排气后没有及时封口，致使温度降低没有达到要求的真空度；真空封罐机没有调节好，真空泵力量不足或仪表失灵；罐身密封不好；也可能是因微生物作用产生气体，或因食品和罐头内壁接触产生腐蚀放出气体。该法是凭经验进行，精确度不高，须与其他方法配合使用。目前采用光电技术检测器或利用声学原理的自动打检机，能把低真空度罐头检剔出去。

（3）开罐检验法

① 感官检验　检查内容物的色泽、风味、组织形态、汁液透明度、杂质、

分级一致性等。在室温下将罐头打开，然后将内容物倒入白瓷盘中观察色泽、组织形态是否符合标准，并评定其滋味和气味是否符合标准。

② 物理检验　容器外观检验：

a. 商标及罐盖码检查　是否符合规定。

b. 密封性能检查　将罐头放在80℃温水中1～2min，从有无气泡产生判断密封性能。

c. 底盖状态检查　观察底盖有无凹凸现象，封口状况有无异常。

d. 真空度检查与测定　用特制的金属棒或木锤敲击罐底和罐盖，从声音判断真空度和质量；也可以用特制真空表和光电技术测定真空度。在生产线上可将低真空度的罐头检剔出来。

容器内壁检验：检查内壁是否有腐蚀和露铁情况，涂料是否脱落，有无铁锈或硫化斑，有无内流胶现象等。

③ 化学检验　包括总重、净重、固形物重、汤汁浓度（糖、酸、盐含量）、亚硝酸盐、重金属、添加剂、农药残留检验等。

④ 微生物检验　将罐头抽样，进行保温试验，检验致病菌。如果罐头杀菌不彻底或再侵染，在保温条件下，致病菌便会繁殖使罐头变质。为了获得准确的数据，取样要有代表性。

⑤ 检验规则　按QB 1006—2014《罐头食品检验规则》执行。

9. 包装

罐头包装是制罐的最后一道工序，包括成品贴商标及装箱。包装装潢对于保护、美化商品、提高商品价值有着重要作用，成品包装的质量影响产品的质量、运输及销售。

（1）包装要求

① 金属容器包装罐头表面应清洁、无锈斑、卷边处无铁舌、不漏气、不胀罐、无变形。

② 玻璃瓶包装罐头表面应清洁、不漏气、不胀罐。

③ 高阻隔软包装罐头表面应清洁、不漏气，非充气包装产品不胀罐（袋）、不变形。

④ 箱内或托盘罐头应排列整齐、不松动。

（2）操作流程　放瓶→打码→验渣→刷糨糊→贴标签→平整标签→抹糨糊→装箱

（3）操作要点

① 放瓶　将藠头从周转箱内捡出轻放在操作台上，挑选出不合格品。

② 打码

a. 打码机准备　生产前应调试好打码机，打印日期应与外箱生产日期一致。

b. 打码　将日期清晰打印在正确位置。

③ 验渣　先观察瓶的外观，将不合格的挑出；然后拿起一瓶产品，检查内容的上下四周，将含有渣滓的不合格品挑出并分开存放，将合格品放入下道工序。在验渣过程中注意每瓶必须验到，不得有漏验现象。

④ 刷糨糊　先调和好糨糊，准备好毛刷，然后将糨糊均匀地刷在瓶身上标签粘贴处，应薄薄地刷一层，且贴标处各个部位都应刷到。若用不干胶标签，不用刷糨糊直接粘贴。

⑤ 贴标签　将标签正面朝外粘贴在瓶身上，每瓶正签和背签各贴一张，贴好的标签应端正，与瓶身粘贴紧密，不得有贴倒、贴重、漏贴现象，并且在贴标签过程中应挑选出不合格标签。

⑥ 平整标签　将标签内含的气泡用手指抚平，避免使糨糊粘在标签上，保持手指清洁。

⑦ 抹糨糊　用干净毛巾或纱布将标签周围及瓶身上糨糊抹净，所用毛巾或纱布应不定时用清水清洗。

⑧ 装箱

a. 做外箱　用封箱胶带将箱底粘好，两端伸出部分长约 3cm，且应一致。

b. 装格档　将格档放入外箱内装好。

c. 装箱　一手扒开格片，一手将产品按规定装入，并放入合格证，在装箱过程中注意不要挫伤标签，不得有漏装、反装的现象。

d. 封箱　将箱盖折整齐，用封箱器或胶带封紧，两端伸出部分长约 3cm，且应一致。操作者应检查是否有漏装现象，及各配件是否齐全。

（4）标志

① 内销罐头标志　应按 GB 7718—2016《预包装食品标签通则》和 GB 28050—2011《预包装食品营养标签通则》的规定标示。产品代号的标示应符合 QB 2683—2017《罐头食品代号的标示要求》的规定，其他应符合相关法规、标准等。

② 出口罐头标志　应按外贸合同或出口经营单位的具体要求标注，但转内销产品应按内销罐头标注。

③ 纸箱标志　应符合 GB/T 191—2016《包装储运图示标志》及相关规定。

10. 贮存

罐头充分冷却后入库贮存，未能及时出售的产品也应好好地贮存，以免发生不良变化而影响罐头质量。

（1）贮存形式

① 散装堆放　罐头经杀菌冷却后，直接运至仓库，到出厂之前才贴商标装

箱运出。注意堆放高度不宜过高。

② 装箱贮放　罐头贴好商标或不贴商标进行装箱，送进仓库堆放。采用装箱贮放，运输及堆放迅速方便，堆高放置较为稳固，操作简便，不费工时；外部有箱子保护，罐头不直接受外界条件的影响，易于保持清洁，不易“出汗”。但缺点是不容易检查。

（2）贮存要求

① 成品箱在托盘上货载应符合 GB/T 16470—2008《托盘单元货载》标准规定。

② 贮存仓库应有防潮措施，远离火源，保持清洁，并安装有可以调节温度和湿度的装置。贮藏温度要避免过高或过低，也要避免温度骤然升降引起罐头表面结露生锈。贮藏适宜温度为 4～10℃，温度过高，会加速罐头内壁腐蚀，发生胀罐；温度过低，内容物冻结解体，影响食品的质地和风味。相对湿度以 70％～75％为宜，堆放时一定要在箱底铺衬垫物，码垛不能太高，垛与垛之间要留有间隙，以便通风排湿及搬动。仓库内保持通风良好，在雨季应做好罐头的防潮、防锈、防霉工作，避免阳光直射，在冬季应采取防冻措施。

③ 贮存环境应清洁、干燥、无异味，地面应铺有地板或水泥。

④ 罐头成品箱不应露天堆放或与潮湿地面直接接触，底层仓库内堆放罐头成品时应用垫板垫起，垫板与地面距离 10cm 以上，箱与墙壁之间的距离 10cm 以上。

⑤ 大包装罐头成品，可选择室内或室外贮存。室外贮存时，应设置单独的有效隔离区域、硬化地面，产品表面应有防日晒、雨淋措施。

⑥ 罐头成品在贮存过程中，不应接触和靠近潮湿、有腐蚀性或易于发潮的货物，不应与有毒的化学药品和有毒物质放在一起。

11. 运输

（1）运输工具应清洁干燥、运输的车船应遮盖，不得与有毒物品混装、混运。

（2）应避免运输温度骤然升降，罐头在冬天运输时应采取防冻措施。

（3）搬运中应轻拿轻放，不得抛摔，不应使用有损包装材料的工具。

四、质量标准

产品应符合 QB/T 1400—1991《荞头罐头》质量要求。

1. 原料要求

原料应符合相应的食品标准和有关规定。

2. 感官要求

(1) 容器要求　密封完好，无泄漏、无胀罐。容器外表无腐蚀，内壁涂料无脱落。

(2) 内容物要求　应符合表3-1的规定。

表3-1　感官要求

项目	优级品	一级品	合格品
色泽	藠头呈白色或黄白色，表面有光泽，色泽大致均匀；辣椒呈鲜红色或红色；汤汁较清	藠头呈白色或黄白色，允许个别藠头略带黄绿色，表面稍有光泽，色泽较均匀；辣椒呈鲜红色或红色；汤汁较清，允许稍有辣椒碎屑	藠头呈白色或黄白色，允许有少量藠头呈淡黄绿色；辣椒呈红色；汤汁尚清，允许有少量辣椒碎屑
滋味气味	具有藠头罐头应有的滋味和气味，无异味		
组织形态	颗粒完整，组织紧密，肉质脆嫩；颗粒直径不小于7mm，同一罐内大小大致均匀；表面无外膜，无脱落外皮；185g装每罐加红辣椒丝2～3根，850g装每罐加4～5根	颗粒完整，组织紧密，肉质较脆嫩；颗粒直径不小于7mm，同一罐内大小较均匀；允许个别颗粒带外膜和个别脱落外皮存在；185g装每罐加红辣椒丝2～3根，850g装每罐加4～5根	颗粒基本完整，组织较紧密，肉质尚脆嫩；同一罐内大小尚均匀，允许少量颗粒带外膜和个别脱落外皮存在；185g装每罐加红辣椒约2～3根，850g装每罐加4～5根，瓶装加2～4根

3. 理化指标

(1) 净重　应符合表3-2中有关净重的要求，每批产品平均净重应不低于标明重量。

(2) 固形物　应符合表3-2中有关固形物含量的要求，每批产品平均固形物重应不低于规定重量。

表3-2　净重和固形物的要求

罐号	净重		固形物		
	标明重量/g	允许公差/%	含量/%	规定重量/g	允许公差/%
755	185	±4.5	70	129.5	±11.0
9116	850	±2.0	65	552.5	±9.0
15173	3200	±1.5	65	2080.0	±4.0
500mL罐头瓶	525	±5.0	60	315.0	±9.0

(3) 氯化钠含量　1.5%～3.0%。

(4) 含酸量　0.8%～1.8%（以醋酸计）。

(5) 可溶性固形物含量　24%～29%（以糖量计）。

4. 污染物、农药残留、食品添加剂和真菌毒素限量

藠头罐头污染物、农药残留、食品添加剂和真菌毒素限量应符合食品安全国

家标准及相关规定，同时符合表 3-3 的规定。

表 3-3　污染物、农药残留、食品添加剂和真菌毒素限量

序号	项目	指标	序号	项目	指标
1	锡（以 Sn 计）/（mg/kg）	≤100	8	噻菌灵/（mg/kg）	≤5.0
2	铅（以 Pb 计）/（mg/kg）	≤0.5	9	二甲戊灵/（mg/kg）	≤0.1
3	总砷（以 As 计）/（mg/kg）	≤0.3	10	苯甲酸/（g/kg）	不得检出（<0.001）
4	二氧化硫（以 SO_2 计）/（mg/kg）	≤10	11	山梨酸/（g/kg）	≤0.5
5	亚硝酸盐（以 $NaNO_2$ 计）/（mg/kg）	≤4.0	12	糖精钠/（g/kg）	不得检出（<0.00015）
6	氯氰菊酯/（mg/kg）	≤0.2	13	甜蜜素/（mg/kg）	不得检出（<0.2）
7	甲霜灵/（mg/kg）	≤0.5	14	阿力甜/（g/kg）	不得检出（<0.002）

5. 微生物指标

应符合罐头食品商业无菌要求。

6. 缺陷

产品的感官要求和物理指标如不符合技术要求，应计作缺陷。缺陷按表 3-4 分类。

表 3-4　产品缺陷分类

类别	缺陷
严重缺陷	有明显异味； 有有害杂质，如碎玻璃、头发、外来昆虫、金属屑及长径大于 3mm 已脱落的锡珠
一般缺陷	有一般杂质，如棉线、合成纤维丝及长径不大于 3mm 已脱落的锡珠； 感官要求明显不符合技术要求，有数量限制的超标； 净重负公差超过允许公差； 固形物重负公差超过允许公差

第三节　藠头罐头加工质量安全控制技术

一、藠头罐头常见质量问题与控制

藠头罐头在生产过程中或由于原料处理不当，或加工工艺不合理，或操作不谨慎，或成品贮藏条件不适宜等，均可能使罐头发生败坏。罐头的败坏有的是失去商品价值，有的是失去食用价值，现将常见的败坏分以下三类作简单说明。

1. 罐藏容器的损坏

罐头外形的损坏现象，一般用肉眼就可以鉴别。

(1) 胀罐　正常情况下，罐头底盖呈平坦或内凹陷状，当出现底盖鼓胀现象时称为胀罐。根据外凸的程度可分为弹胀、软胀和硬胀几种。胀罐可能有物理性胀罐、化学性胀罐、细菌性胀罐等。

① 物理性胀罐

a. 原因　罐头内容物装得太满，顶隙过小，加热杀菌时内容物膨胀，冷却后即形成胀罐；加压杀菌后，消压过快，冷却过快；排气不充分或贮藏温度过高；高气压下生产的制品移至低气压环境里等。此种类型的胀罐，内容物并未败坏，可以食用。

b. 防止措施　应严格控制灌装量，灌装时，罐头顶隙大小要适宜；提高排气时罐内的中心温度，排气要充分，封罐后能形成较高的真空度；加压杀菌后的罐头消压速度不能太快，使罐内外的压力较平衡，切勿差距过大。

② 化学性胀罐（氢胀罐）

a. 原因　高酸性食品中的有机酸与罐头内壁起化学反应，产生氢气，内压增大，从而引起胀罐。这种胀罐虽然内容物有时尚可食用，但不符合产品标准，以不食为宜。

b. 防止措施　防止空罐内壁受机械损伤，以防出现露铁现象；宜采用涂层完好的抗酸性涂料钢板制罐，以提高抗腐蚀性能；适当调整食品中酸的成分和酸的含量。

③ 细菌性胀罐

a. 原因　一般是因为杀菌不彻底，或罐盖不严，细菌重新侵入后分解内容物，产生气体，使罐内压力增大而造成胀罐。这种胀罐食品已完全失去食用价值。

b. 防止措施　对罐藏原料充分清洗或消毒，严格注意加工过程中的卫生管理，防止原料及半成品的污染；在保证罐头品质的前提下，对原料热处理必须充分，以消灭产毒致病的微生物；在预煮水或糖液中加入适量的有机酸，降低罐头内容物的pH，提高杀菌效果；严格控制封罐质量，防止密封不严而造成泄漏；冷却水应符合食品卫生要求。

(2) 漏罐　罐头缝线或孔眼渗漏出部分内容物，这是由于密封时缝线有缺陷。铁皮腐蚀后生锈穿孔，或者由于腐败微生物产气引起内压过大，损坏缝线的密封会导致漏罐，机械损伤有时也会造成漏罐。

（3）瘪罐　罐内真空度过高，或过分的外力（如碰撞、冷却时反压过大等）造成罐头外形明显瘪陷。一般排气过度，装量不足，大型罐头容易产生凹陷。虽不影响内部品质，但应作次品处理。

（4）变形罐　罐头底盖不规则突出呈峰脊状。这是由于冷却技术不当，消除蒸汽过快，稍加外压即可恢复正常。

2. 罐藏容器的腐蚀

主要发生在马口铁罐上，可分为罐头外壁的锈蚀（生锈）和罐头内壁的腐蚀两种情况。

（1）罐头外壁的锈蚀　贮藏环境中湿度过高而引起马口铁与空气中的水汽、氧气作用，形成黄色锈斑，严重时不但影响商品外观，还会促进罐壁腐蚀穿孔而导致食品的变质和腐败。

（2）罐头内壁的腐蚀　内壁锡层和钢基层与装入食物接触发生化学反应，常见的罐头内壁腐蚀有脱锡腐蚀、穿孔腐蚀、界面腐蚀（氧化圈）和硫化腐蚀等几种情况。影响因素有：

① 氧气　氧对于金属来说是强烈的氧化剂。在罐头中，氧在酸性介质中表现很强的氧化作用。因此，罐头内残留氧的含量，对罐头内壁腐蚀是决定性因素。氧含量愈高，腐蚀作用愈强。

② 酸　蔃头罐头一般属酸性或高酸性食品，含酸量越高腐蚀性越强。当然，腐蚀性还与酸的种类有关。

③ 硫及含硫化合物　蔃头在生长季节喷施的各种农药中含有硫，如波尔多液等。硫有时也在砂糖中作为微量杂质而存在。硫或硫化物混入罐头中也易引起罐壁的腐蚀。此外，罐头内的硝酸盐对罐壁也有腐蚀作用。

（3）预防措施　对采前喷过农药的蔃头，加强清洗及消毒，以助其脱去农药残留。对组织含空气较多的蔃头，最好采取抽空处理，尽量减少原料组织中空气（氧）的含量，进而降低罐内氧的浓度。加热排气要充分，适当提高罐内真空度。注入罐内的糖水要煮沸，以除去糖中的 SO_2。对于含酸或含硫高的内容物，容器内壁一定要采用抗酸或抗硫涂料。罐头制品贮藏环境的相对湿度应保持在70％～75％。此外，要在罐外壁涂防锈油。

3. 罐藏内容物腐败变质

（1）腐败　罐藏内容物腐败为有害微生物活动所致，主要原因有：

① 原料不鲜　生产上要求原料要新鲜，原料处理要及时，避免加工中时间拖延，造成微生物的大量繁殖而引起腐败。

② 密封不严　由于封罐机调节不当或没有及时检查调整，致使罐头密封不严，卷边松弛泄漏，造成微生物的再污染而引起腐败。

③ 杀菌不足　杀菌不足是造成腐败的主要原因，使某些嗜热性微生物得以幸存，在适宜条件下活动产生气体而形成胀罐。而某些嗜热性微生物存在时，不产生气体只生成酸，这种酸败现象称为平酸败坏。有的是严格执行了杀菌操作，但由于原料过度微生物污染而杀菌达不到要求；还有的是由于杀菌锅操作失误造成的。

④ 冷却不够　冷却时由于冷却时间过短或水温过高，由于嗜热性微生物的存在而引起腐败。因此，杀菌后的罐头应迅速冷却至 40℃左右，而玻璃罐头应分段冷却。

(2) 变色及变味　藠头罐头在加工过程或贮藏运销期间常发生变色、变味的质量问题。

① 变色　内容物中的化学物质在酶或罐内残留氧的作用下，或与金属容器等作用，或贮温长期偏高而产生的酶褐变和非酶褐变而造成变色现象，致使品质下降。

② 变味　微生物可以引起变味从而使罐头不能食用，如罐头内平酸菌（如嗜热性芽孢杆菌）的残存，会使食品变质后更酸；加工中的热处理过度会使内容物产生煮过的气味，罐壁的腐蚀又会产生金属气味。

③ 防止措施　装罐前根据制罐要求，按分级大小采用适宜的温度和时间进行热烫处理，破坏酶的活性，排除原料组织中的空气。汤液配制时糖水应煮沸，随配随用，加酸的时间不宜过早，以避免蔗糖的过度水解，否则过多的转化糖遇氨基酸等易产生非酶褐变。加工中防止藠头与铁、铜等金属器具直接接触，要使用不锈钢制品，并注意加工用水的重金属含量不宜过高。杀菌要充分，以杀灭平酸菌之类的微生物，防止制品酸败。控制仓库内温度，防止高温加速褐变。

(3) 罐内汁液的混浊和沉淀　产生这种现象的原因有多种，如加工用水中钙、镁等金属离子含量过高（水的硬度大）；原料腌制、切分不规范，热处理过度，罐头内容物软烂；制品在运销中震荡过剧，而使鳞片碎屑散落；贮藏过程中受冻，化冻后内容物组织松散；贮藏过程中内容物由于物理、化学或微生物的影响而发生沉淀。这些情况如不严重影响产品外观品质，则允许存在。应针对上述原因采取相应的措施。

二、藠头罐头质量验收规范

1. 藠头原料验收规范

(1) 技术要求　如表 3-5 所示。

表 3-5　技术要求

项目	技术要求
原料新鲜度	从采取到腌制，一般要求在 10h 内完成，最长不超过 24h

续表

项目	技术要求
原料成熟度	成熟适度，藠头叶子20%～30%已变为黄色时，收获日期以6月中旬为好，终止时间不超过7月20日
原料品种	选择形态好、易分级、两切易掌握、外观整齐、利用率高的鼓形、鸡腿形品种较好；两切不好控制、形态差、利用率低的鱼尾形、双胎多胎形品种，都不适宜加工出口藠头罐头
原料规格	根长1.0cm，尾长不超过4cm，0.7cm＜直径＜2.3cm

（2）不合格类型

① 土杂　指黏附在个体表层的泥土及杂质。

② 烂果　指已经腐烂或部分腐烂的个体。

③ 病果　指已经生虫或变味无法食用的个体。

④ 抽心果　指超出收购时间，内部已长芯的个体。

⑤ 异形果　个体形状不均匀或粘连果。

⑥ 青果　指鳞茎暴露出土面呈青色的个体。

⑦ 其他　指因运输等原因造成损坏而无法使用的个体。

（3）抽样方案　以同时间同批次藠头为一个组批，按总数的1%进行随机抽样。

（4）检测方法

① 藠头组织结构的检测　将藠头剥开后观察。

② 藠头不合格率的测定　由质量部组织抽样，挑选出其中的不合格品，按比例计算整批藠头的不合格率，并出具检验报告。

③ 尺寸的检测　用专用卡尺或游标卡尺测量个体尺寸。

（5）判定规则

① 组织结构不符合技术要求的，不得接受使用。

② 如抽查不合格率为0.5%，判该批为合格；如不合格率超出0.5%，则对整批按比例扣除超出部分；如不合格率达10%，则判该批为不合格，不得接受使用。

（6）运输和贮存　藠头原料的运输应防潮、防晒、防重压、防撞击，运输工具应清洁无污染。运输途中防止太阳暴晒，并选用通风良好的工具装运，原料堆放的场地要求阴凉。

2. 包装质量控制规范

为了控制包装质量，对产品包装质量不合格类型、检验方法、作业规范、产品的标识等进行规定。

（1）职责

① 材料管理员负责原材料管理和标识，按要求领料、发放，填写质量流转

卡相关部分。

② 车间品管员负责本班的材料质量评定、产品质量监督和判定，填写质量报表和质量流转卡中相关部分，做好成品合格状态标识。

（2）不合格的分类　如表 3-6 所示。

表 3-6　不合格分类

A类不合格	B类不合格	C类不合格
a. 瓶内壁有污迹未洗去； b. 单瓶计量超出允许误差； c. 压盖破裂、变形、打滑、封盖不到位导致漏液； d. 内容物有明显渣滓［直径超过 0.2mm 非溶性颗粒和（或）长度超过 2mm 非溶性丝状物］及明显变质的； e. 使用了不合格的原材料或错用原材料； f. 生产日期印错或无生产日期； g. 包装不完整、材料配置不全； h. 单件产品内差数	a. 瓶外壁沾有污迹超过 1mm； b. 标签明显贴歪、起皱、湿透； c. 生产日期模糊不清； d. 胶套成型达不到要求，其他包装配件成型不规范； e. 包装物严重污染	a. 标签轻微起皱、歪斜、边角翘起； b. 瓶身有油液残留或明显水珠、可能使外包装湿润； c. 封箱不规范、打包带松散、位置歪斜； d. 单件产品内单位产品及辅件摆放不正确； e. 外箱有污染、破损、变形； f. 有明显糨糊残留； g. 使用不合格但不很明显的原材料

（3）不合格品的分类　如表 3-7 所示。

表 3-7　不合格品分类

A类不合格品	B类不合格品	C类不合格品
有一个或一个以上 A 类不合格，可能还有 B 类和（或）C 类不合格的单位产品	有一个或一个以上 B 类不合格，也可能还有 C 类不合格，但不包含 A 类不合格的单位产品	有一个或一个以上不合格，但不包含 A 类不合格和 B 类不合格的单位产品

（4）工作流程

① 半成品生产过程中品管员应不定时检查，发现不合格及时做好分析，提出纠正和预防措施，并组织员工学习以加强认识，同时做好记录。

② 成品最终检验由各班组的品管员在生产线的末端，以每搬运单元为样本基数按抽样计划表随机抽取样品，逐个进行检查，将检验结果填写在品质报表上。

③ 检验中发现不良品应加以标识，并与合格品隔离，不良原因、项目及数量应填入检验记录单中，检验完毕的不良品交生产班组进行返工处理。

④ 检验结果判为“批不合格”时，应将产品放置于“不合格区”。不合格批必须全数返工。

⑤ 相同之不良原因如持续发生时，必须报告单位主管处理。必要时应填写《品质异常处理单》。

⑥ 经返工的产品需重新检查，合格后才能放行。

⑦ 不合格品如仍需被使用时，则需按“不合格品控制程序”执行。

3. 藠头罐头半成品质量验收规范

(1) 要求

① 指标要求　应符合腌渍藠头的理化、卫生指标中的规定。

② 包装要求　应符合“包装质量控制规范”中的规定。

③ 内容物外观质量要求　应符合表 3-8 的规定。

表 3-8　藠头罐头半成品内容物外观质量要求

项目	要求
溶液	液体清亮，无肉眼可见杂质
外观	大小一致，排列整齐，藠头之间无空隙，颜色一致且呈乳白色
质量	无“藠头原料验收规范”中规定的不合格藠头，且无装瓶过程中产生的损伤藠头
紧密度	藠头排列紧密，手拿瓶轻转，藠头不随瓶转动
配料	配料的质量和数量符合规定的要求，且放置的位置符合要求

(2) 判定规则

① 外加工半成品的检验规则

a. 抽样方式　随机抽样。

b. 判定　凡不符合本规范要求规定的产品均判定为不合格。

c. 处置　按抽查不合格比例计算整批产品的不合格数，并扣除相应的加工费。

② 公司内生产的半成品：按“包装质量控制规范”中的规定执行，抽查不合格进入“不合格品控制程序”。

第四章

藠头腌制品加工与质量安全控制

利用食盐以及其他物质添加并渗入到藠头组织内，降低水分活性，提高结合水含量、渗透压或脱水等作用，有选择地控制有益微生物活动和发酵，抑制腐败菌的生长，从而防止藠头变质，保持其食用品质的一种保藏方法，称为藠头腌制。其制品则称为藠头腌制品。藠头腌制品由于制作简单，成本低廉，易于保存，风味独特，产品多样，深受消费者喜爱。尤其甜酸藠头多数出口到日本、韩国以及欧美等国，藠头腌制品具有很好的开发前景和很大的发展空间。

第一节　藠头腌制品加工原理与类型

一、藠头腌制品加工原理

藠头的腌制，主要是利用食盐、醋、糖等的高渗透压作用，微生物发酵作用，蛋白质的水解作用及一系列的生物化学作用，以及香辛料的辅助作用，来抑制有害微生物的活动使腌制品得以保存，藠头腌制品具有独特的色、香、味。

1. 盐渍原理

食盐具有高渗透压作用，能抑制有害微生物的活动，起到防止腐烂变质、延长腌制品贮藏期的作用，同时增进制品的风味。

2. 糖渍原理

通过向藠头中加入一定量的糖，使之成为“高渗”，而抑制微生物增殖，提高食品耐藏性，亦可增加制品的风味。

3. 醋渍原理

醋渍是利用醋酸或乳酸对有害微生物的抑制作用达到保藏藠头的目的，同时醋渍有利于保留维生素C，提高腌制品的营养价值。

4. 发酵原理

利用有益微生物醋酸菌、酵母菌、乳酸菌的作用，可使腌制品具有良好的风味，同时抑制其他有害微生物的活动，防止藠头腐烂变质。发酵过程以乳酸发酵为主，同时也有轻微的酒精发酵和醋酸发酵。

(1) 乳酸发酵　乳酸发酵是乳酸菌将糖类转化成乳酸的生物化学反应过程，是腌制过程中各种发酵作用中最主要的一种，可分为同型乳酸发酵和异型乳酸发酵两种。前者的主要代谢产物为乳酸，对腌制品的酸味和香气有着促进作用。而后者的代谢产物中除乳酸外还有醋酸、乙醇和二氧化碳等物质，对发酵有不利影响，所以在腌制过程时应当尽量缩短异型乳酸发酵的时间，同时促进同型乳酸发酵的进行，以提升产品品质。

(2) 酒精发酵　腌制过程中由于酵母菌的活动会产生少量乙醇，这些乙醇与腌制中产生的酸发生化合反应，会生成有特殊香气的酯类物质，对产品的风味有着促进作用。

(3) 醋酸发酵　腌制中由于好气性的醋酸菌或其他细菌的活动形成醋酸发酵。但过多的醋酸会影响最终产品的品质，所以在腌制时，应严格控制醋酸发酵过程。在腌制时，要及时装坛封口，隔绝空气，避免醋酸菌与空气接触产生醋酸。

二、藠头腌制品类型

藠头腌制品是以新鲜藠头为主要原料，采用不同腌渍工艺制作而成的各种藠头制品的总称。藠头腌制加工从数百年前采用土法到现代工艺，加工方法很多，产品亦很多。因辅料、工艺条件及操作方法不同或不完全相同，生产出了各种各样风味不同的产品。

1. 按生产工艺分类

藠头腌制品按照生产工艺不同可分为盐渍藠头、糖醋渍藠头、酱渍藠头、盐水渍藠头（泡酸藠头）和藠头菜酱等。

(1) 盐渍藠头　盐渍藠头又叫咸藠头（荞头），是以新鲜藠头为原料，利用较多的食盐腌制而成，制品含盐量在10%以上。产品可供出口或作为半成品保存，以供周年进行藠头深加工。盐渍藠头食用前，需进行脱盐处理，再加工成各种风味的藠头产品。

(2) 糖醋渍藠头　糖醋渍藠头是以藠头咸坯为原料，经脱盐、沥水后，再用糖渍、醋渍或糖醋渍制作而成，制品甜酸适度，脆嫩爽口。

① 糖渍藠头　是以藠头咸坯经过脱盐、沥水后，采用糖渍或先糖渍后蜜渍

而制成的藠头制品。

② 醋渍藠头　是以藠头咸坯用食醋浸渍而成的藠头制品。

③ 糖醋渍藠头　是以藠头咸坯经过脱盐、沥水后，再用糖醋液浸渍而成的藠头制品。一般通称甜酸藠头，甜酸藠头罐头是出口日韩的主要藠头产品。

（3）酱渍藠头　酱渍藠头即酱藠头，是以藠头为主要原料，经盐水渍或盐渍成藠头咸坯后，经脱盐并沥水，浸入酱或酱油内，酱渍而成的藠头制品。制品含盐量在10%以上，具有酱或酱油的风味和色泽，咸甜适宜，嫩脆。产品分为：

① 咸味酱藠头　藠头腌制后用咸酱（黄酱）酱渍而成。

② 甜味酱藠头　藠头腌制后用甜酱（或酱油加糖）酱渍而成，产品甜味突出。

（4）盐水渍藠头　盐水渍藠头即泡酸藠头，是以新鲜藠头为原料，直接用少量盐或低浓度盐水和香辛料的混合液生渍，经乳酸发酵而成的制品。分为泡藠头和酸藠头，家庭制作历史悠久。

① 泡藠头　用盐水处理，将菜体放入预先调制好的盐水中，进行发酵。制品含盐量2%～4%，乳酸含量一般为0.4%～0.8%，酸咸适宜，清香爽口、嫩脆，可直接食用。

② 酸藠头　用干盐处理，将粉状细盐与菜体混合，不需加水。制品含盐1%～2%，乳酸1%，味酸、嫩脆、烹调后食用。

酸菜制作比泡菜制作时用盐量少或不用盐，使乳酸菌更易繁殖，赋予产品以酸味，且在密闭下得以保存。

（5）藠头菜酱　藠头菜酱是以藠头为原料，经盐渍或不经盐渍，加入调味料、香辛料等辅料而制成的糊状的藠头制品。有藠头酱和辣椒藠头酱等，制品不保持藠果原来的形状，但仍保持藠果原来的风味和香气。

2. 按保藏方法分类

按腌制藠头生产中是否发酵，将腌制藠头分为发酵性腌制品和非（弱）发酵性腌制品两大类。

（1）发酵性腌制品　发酵性腌制品的特点是腌渍时食盐用量较低，制品含盐量1%～4%，在腌渍过程中有显著的乳酸发酵现象，利用发酵所产生的乳酸、添加的食盐和香辛料等的综合防腐作用，来保藏藠头并增进风味。产品具有较明显的酸味，根据腌渍方法和成品状态的不同分为下列两种类型。

① 湿态发酵腌制品　用低浓度的食盐溶液浸泡或用清水发酵而制成的一类带酸味的腌制品，如泡藠头。

② 半干态发酵腌制品　先将菜体经风干或人工脱去部分水分，然后再进行盐渍，让其自然发酵后熟制成的一类腌制品，如酸藠头。

（2）非（弱）发酵性腌制品　非（弱）发酵性腌制品的特点是腌制时食盐用量较多，制品含盐量10%以上，使乳酸发酵受到抑制或只能轻微地进行，其间加入香辛料，主要利用较高浓度的食盐、糖及其他调味品的综合防腐作用，来保藏产品和增进其风味。盐渍藠头、酱渍藠头属此类。

三、藠头腌制品的腌制方法

藠头腌制品加工最关键、最基础的是腌制（盐渍）加工，腌制加工方法不同，产品质量、产品特点和保藏时间也不同。腌制加工可按盐腌法、加菌法和分量法等不同方式进行。

1. 盐腌法

在藠头腌制品生产工艺中，不同的藠头加工厂家、不同半成品需要的保存时间、不同腌制品，所腌制的方法和用盐浓度不尽相同。按用盐的方式有干腌法、湿腌法和分次腌制法。初腌后的藠头发酵完全，无辛辣冲气味，组织脆嫩，呈芽白色，且有光泽。

（1）干腌法　用粉状细盐与菜体混合，不需加水，适于成熟度高、含水分多、易于渗透的原料。根据用盐量，藠头可用高盐干腌法生产咸藠头（坯），一般用盐量为原料的14%～15%。腌制时，宜分批拌盐，拌匀，分层入池，铺平压紧，下层用盐较少，由下而上逐层加多，表面用盐覆盖隔绝空气，使其能保存不坏。藠头也可用低盐干腌法生产酸藠头、藠头菜酱，将藠头与少量辣椒剁碎，用少量盐拌匀后装入缸中密封发酵即成，用盐量以酸藠头食用时不太咸，又有一定保质期为准。传统干腌法腌制的藠头硬脆性好，但色泽指标等较差，且破坏了藠头的天然风味。

（2）湿腌法　将藠头放入预先调制好的盐水中，又叫盐水腌渍法，适于成熟度低、水分少、不易渗透的原料，一般配制10%的食盐溶液将藠头淹没便能短期保存。根据盐水浓度高低可生产咸藠头和泡藠头。低盐乳酸发酵腌制藠头，色泽、光泽度十分好，但硬脆性差，而且过量乳酸发酵使糖消失殆尽，采用分次加盐（追盐）处理，使前期乳酸发酵充分，再通过提高盐浓度来抑制乳酸发酵，既能有效地提高色泽和光泽，同时又能保持较好的硬脆性。

（3）分次腌制法　藠头清洗滤干后进行初腌，按鲜藠头重量的3%加入食盐，分层腌制，食盐用量做到底层、池周和上层多，中间少，层层压实。初腌时间为7～10d，转池进行复腌。复腌按藠头重量补加2%～3%的食盐，并按新鲜藠头重量加入0.5% $CaCl_2$ 和0.1% Na_2SO_3，将 $CaCl_2$、Na_2SO_3 拌入食盐一并加入，复腌操作和初腌相同。

分次腌制法有的也称倒缸、翻缸和换缸，将腌渍品从腌制的缸中，再倒入另一空缸里。藠头装缸后，缸上下温度、盐水浓度以及藠体吸收盐的程度不同，易产生不良气体。特别是干腌法，在腌制过程中，最好进行倒缸，使原料吸盐均匀、发酵均匀、品质一致，但生产量大时会增加操作与管理工作量。

2. 加菌法

在盐渍藠头腌制发酵时，根据是否加菌发酵分为自然发酵法（自动发酵）和接种发酵法（人工发酵）。

（1）自然发酵法　传统的藠头发酵加工采用高浓度的盐水浸泡或加入食盐直接腌制。生产时间长，劳动量比较大，容易造成藠头营养成分的流失。

（2）接种发酵法　现代工艺采用多菌种接种、纯菌种低盐发酵工艺，可以缩短发酵时间，降低食盐用量，省掉脱盐工艺，降低成本。且生产的藠头具有风味纯正、香味浓郁、口感松脆、氨基酸态氮含量高等特点。

3. 分量法

根据加工数量与质量要求可分为少量腌制法、大量腌制法和出口加工法。

（1）少量腌制法　一般家庭常采用少量腌制法。藠头收获后，剪除藠头地上部分（叶），清水洗净、沥干，用刀切除假茎和须根，保留鳞茎。按 5kg 藠头加食盐 250g，水 2～2.5kg 的比例装入小缸、小坛、盆、桶、瓶等，以浸没为度，盖上盖板或压上石头。盐少一些成熟快，但容易酸，腌 30d 左右成熟。食用时捞出，加白糖、剁辣椒或泡辣椒等即可食用。少量腌制藠头操作和管理较方便，仅限于现取现吃，保存期短，适宜自产自销。

（2）大量腌制法　先将收购的藠头冲洗干净，沥干水后倒入腌渍池或大的陶缸中，压上竹帘和石块，再倒入已配好的浓度为 13.5～14°Bé 的盐水，浸没为止。过 1 个月后捞出，剪切两端，用 2%盐水清洗干净，装入坛中，每坛装 20～22.5kg 藠头，压实，加入料水到浸没为止。料水的配制为水 50kg、醋 3.5kg、盐 2.5kg、白糖 25kg，或加酱油 3.5kg（酱藠头），封坛、瓶或袋后即可拿到市场出售。

（3）出口加工法　收购藠头时剔除病残破口、青色藠头等，用清水冲洗干净，倒入腌渍池中，用干腌法或湿腌法进行腌制。腌制两月后出池，边用刀将藠头两端切齐，边剔出青色藠头，正常色泽的藠头搓去老皮，漂洗后将藠头按大小用筛子筛分为不同等级，分别装入特制的塑料桶，灌入 18°Bé 以上的新鲜盐水，淹没为止，盖上桶盖，即制成盐渍藠头，可装运出口。也可加工成甜酸藠头出口。

四、藠头腌制品质量标准

藠头腌制品质量标准需根据藠头特性和消费者的质量要求而有严格规定。不同地域、不同销售对象、不同用途、不同时期，质量标准不尽相同，随着检测手段的提高，特别是出口产品，产品质量标准越来越高。如采用的腌制方法、用盐浓度、分级标准、保存藠头盐糖醋浓度和包装等均需根据消费者的质量要求和厂家条件而合理制定。现有盐渍、糖醋渍藠头产品质量标准（湖南盐渍、糖醋渍藠头地方标准 DB 43/312—2006《湘阴藠头》）如下，以供参考。

1. 原料与辅料要求

（1）加工用鲜藠　产地环境应符合相应的无公害、绿色、有机产品标准的规定；感官要求应符合表 4-1 的要求。

表 4-1　加工用鲜藠感官要求

项目	指标
外观	颗粒完整，柄长 15～25mm，横径 10～30mm，无病斑，无虫斑，无须根不伤肉，无青头烂个，无机械损伤
色泽	鳞茎呈白色或黄白色，表面光泽
气味	具有该品种固有的气味与滋味，无异味
组织结构	组织紧密，肉质脆嫩，单心
杂质	无肉眼可见的泥沙和其他动植物残体

（2）水质　应符合 GB 5749—2006《生活饮用水卫生标准》规定。

（3）食用盐　应符合 GB 2721—2015《食品安全国家标准　食用盐》规定。

（4）白砂糖　应符合 GB/T 317—2018《白砂糖》规定。

（5）乙酸　应符合 GB 1886.10—2015《食品安全国家标准　食品添加剂　冰乙酸》规定。

（6）柠檬酸　应符合 GB 1886.235—2016《食品安全国家标准　食品添加剂　柠檬酸》规定。

（7）味精　应符合 GB 2720—2015《食品安全国家标准　味精》规定。

2. 产品感官要求

产品感官应符合表 4-2 的规定。

表 4-2　感官要求

项目	指标	
	盐渍藠头	糖醋渍藠头
外观	颗粒完整，每级大小均匀，纵横比适宜，无明显偏长偏短，呈腰鼓状，切口平整、光滑、有轮廓感，切面基本平行，无明显机械伤，无空心，无斑点，无老皮、粗皮	颗粒完整，大小均匀，不得有霉斑白膜

续表

项目	指标	
	盐渍藠头	糖醋渍藠头
色泽	色泽洁白，表面有光泽，无青果，不带黄色、黑色、灰色	藠头呈白色或黄白色，表面有光泽
气味与滋味	具有藠头充分发酵后良好的乳酸香气，无辛辣味、异味、臭味等	具有该品种固有气味与滋味，无异味，咸、甜、酸味适度
组织形态	组织紧密、肉质脆嫩，形态饱满完整、富有弹性，表面无外膜及脱皮现象，汤汁清晰、不混浊	组织紧密、肉质脆嫩，表面无外膜及脱皮现象，汤汁清晰、不混浊
杂质	无肉眼可见外来杂质	无肉眼可见外来杂质

3. 理化指标

理化指标应符合表 4-3 的规定。

表 4-3 理化指标

项目		指标	
		盐渍藠头	糖醋渍藠头
固形物含量/%	≥	80	60
食盐（以氯化钠计）/%		12～18	1.2～3.8
总酸度/%			6～10
总糖量/%	≥		11
食品添加辅料		应符合 GB 5749—2006、GB 2721—2015、GB 1886.10—2015、GB 1886.235—2016 规定	应符合 GB 2760—2014 的规定

4. 安全卫生指标

（1）亚硝酸盐、重金属、山梨酸和苯甲酸　亚硝酸盐、重金属、山梨酸和苯甲酸应符合表 4-4 的规定。

表 4-4 亚硝酸盐、重金属、山梨酸和苯甲酸指标

项目		指标	
		盐渍藠头	糖醋渍藠头
亚硝酸盐（以 $NaNO_2$ 计）[a]/（mg/kg）	≤	4	
总砷（以 As 计）[a]/（mg/kg）	≤	0.5	
铅（以 Pb 计）[a]/（mg/kg）	≤	1.0	
山梨酸[a]/（mg/kg）	≤	0.5	
苯甲酸[a]/（mg/kg）	≤	0.5	

注：a 为强制性要求。

（2）微生物指标　微生物指标应符合表 4-5 的规定。

表 4-5　微生物指标

项目		指标	
		盐渍藠头	糖醋渍藠头
菌落总数[a]/（cfu/g）	≤	—	3×10^4
大肠菌群[a]/（MPN/100g）	≤	30	
致病菌（指沙门氏菌、志贺氏菌、金黄色葡萄球菌）[ab]		不得检出	

注：a 为强制性要求；b 为罐头类产品应符合商业无菌的要求。

（3）农药残留限量　农药残留限量指标应符合 GB 2763—2021《食品安全国家标准　食品中农药最大残留限量》的规定。

5. 产品分级

加工产品根据市场需求按表 4-6 的要求分 6 个等级。

表 4-6　加工藠头分级

项目	等级指标					
	1 级	2 级	3 级	4 级	5 级	6 级
颗粒横径指标/mm	26.0～27.0	24.0～25.9	22.0～23.9	18.0～21.9	15.0～17.9	12.0～14.9

注：1、2、3、4、5、6 级分别与日、韩市场的大、中、小、细、花、花花 6 个级别相对应。

五、藠头腌制品发展趋势

我国藠头腌制品的发展趋势是要实现无公害、绿色、有机藠头原料基地规模化，生产加工技术现代化，藠头腌制品低盐、低糖化，质量标准国际化，产品特性色、香、味、形多样化。

1. 在传统工艺的基础上采用现代化工艺设备

一般藠头腌制生产企业都是手工操作，劳动强度大，效率低，必须改变传统落后面貌，逐步实现机械化和自动化生产。如采用自动滚筒筛式清洗机、切菜机具，真空糖制酱制设备以及对成品进行全自动定量和真空封口包装，然后进行巴氏杀菌等，对藠头腌制品质量的提高可起到积极的推动作用。

2. 在传统产品的基础上开发腌制藠头新产品

目前藠头腌制加工产品单一，综合开发利用不够深入，应加大藠头腌制产品的开发力度。使制品既能满足大众营养、保健需求，又能保持藠头的色、香、味、形，来满足不同年龄消费人群的口味。针对藠头腌制品含有多种生物活性物质如含硫化合物（挥发性）、皂苷类化合物、含氮化合物、黄酮类化合物等成分，可进一步开发藠头素、蒜素、皂苷等保健产品。

3. 向低盐化、低糖化、小包装方向发展

一般腌菜食盐含量较高，对人体健康不利，腌菜应向低盐化、低糖化、小包装方向发展。根据腌菜的特点，低盐不易保鲜贮存，容易变质腐败，就必须考虑采用真空小包装（如塑料袋装、瓶装、罐装）。目前小型塑料袋包装发展迅速，携带方便，随吃随用，还有利于腌菜的灭菌，从而保证了产品质量，有利于低盐、低糖化保鲜贮存。小包装腌菜食盐含量可在5%以下，而散装盐渍菜含量超过12%，小型包装腌菜保鲜贮存期长，一般在12个月。

4. 藠头腌制向天然、安全方向发展

藠头本身具有独特的色泽和风味，在腌制加工过程中要尽量保持藠头原有的色泽和风味，要尽量少用添加剂，使藠头腌制向天然、安全方面发展。

第二节 盐渍藠头加工技术

盐渍藠头又叫咸藠头、咸荞头，属于盐渍类腌渍菜的范畴，其特点是以高浓度的食盐腌渍藠头，使其适于长期保存，可供出口或作为半成品保存以供周年进行藠头深加工。

一、盐渍藠头加工

1. 工艺流程

藠头清洗→盐渍作业→盐渍护理→两切作业→分级→漂洗→装箱成件。

2. 操作要点

（1）藠头清洗　用木耙使藠头在水中互相摩擦或借助滚筒式机械用喷射水冲洗滚动的藠头，使其脱去外部泥沙、老表皮。

（2）盐渍作业　把洗好、用有孔的塑料箱或竹箩沥干过秤的藠头放入池子里，把一定量的盐（总用量为藠头重量的15%）、明矾（总用量为藠头重量的0.5%）撒满在藠头上面，这样逐层放入藠头、撒盐与明矾的工序应反复进行，直到最上部一层。然后垫上压板，把重物放在压板上。最后，把15°Bé的盐水从回流筒灌输到池子高度80%的位置。

（3）盐渍护理　盐渍后5d和10d，从回流筒抽水30～40min，向池子的“对角”部位灌去，由此循环盐水2～3次即可，注意盐水的水面要保持在藠头上面 12～15cm 的位置，否则表层会变黑。在盐渍作业完毕后 20d，再在池子上面撒盐，再做循环盐水的作业。

（4）两切作业　在盐渍作业完毕后过 60d 以上（乳酸发酵完成），按照各个藠头的具体形状相应两切。两切要适中，长短适当，成品应形状美观、呈鼓状，切口要切齐、切平整，不得有凹凸，鳞片上不得有刀伤。同时把带绿色的、有伤疤的、有蛀烂的、有病害的和扁平的等不合格的藠头挑选出来。

（5）分级　严格按照藠头分级的指标来进行分级挑选。第一次粗分级是在台桌两切时一边切一边凭经验目测逐个分级；第二次精分级是在两切后一边漂洗一边用筛子分级。

（6）漂洗　把两切完毕并分级的藠头按级别分别放在 23°Bé 盐水缸里，当缸里有一定数量的藠头时，再掏出适量，一边在 15°Bé 盐水里好好洗涤，一边把外皮杂质等除掉。

（7）装箱成件

① 内包装　把藠头放入内装容器后，再把 23°Bé 盐水和明矾（盐水量的 5%）的混合溶液灌满到容器盖子的位置，盐水应高出藠头 3～5cm，再盖上盖子。

② 外包装　要用坚固的材料，要经得住长途运输。

具体操作可参考《藠头标准化生产与加工技术》（化学工业出版社）第六章第一节“盐渍藠头标准化加工技术”的内容。

3. 质量标准

（1）级别　共分六级：大级、中级、小级、细级、花级、花花级。要求分级装箱，装箱后同一箱中无跳级混装现象，且颗粒均匀，无明显差异。

（2）修切　要求藠头去柄、去根蒂、去粗老皮，两端平整。藠头两切要适中，多切、少切或斜切等均不符合要求。藠头基部以切到无黄色根蒂（印）部位为佳，切口要整齐，不得有多刀切割凹凸现象或刀伤，两切后的成品应呈鼓形。

（3）肉质风味　成品肉质要求纤维少，肉质饱满细嫩，无软化、空心（空筒），品尝时清脆爽口，手掂时柔韧而具有弹性。富有藠头充分发酵后的特有乳酸香味，无任何不良异味，如辛辣味、酒臭味等。

（4）外观色泽　经腌制发酵精选后的成品，外观呈乳白色，半透明，具玉器光泽。表面有机伤、病斑，老皮或夹带杂质（砂），青果、紫红色果或因异常发酵而致颜色发暗、变黄、霉烂果等均不符合要求。

（5）汤汁　成品装箱用盐水必须是新配制的通过澄清过滤的饱和盐水，浓度应保持在 23°Bé，装箱后盐水应高出藠头 3～5cm，平衡后盐水浓度不低于 20°Bé。开箱检查时，汤汁应清澈透明，无任何浑浊带杂现象。

（6）包装　外包装统一为木盖竹箱，内包装一律为排气软塑折叠透明出口桶，每件净重24kg。

(7) 标记及唛头　要求标记清楚，唛头规范合理。

4. 检验

(1) 要求　盐分为12%～18%（指藠头的含盐量）；乳酸发酵完全；保护液22～24°Bé腌渍并高于藠头3～5cm。

(2) 检验方法

① 现场检查　数量、唛头、标记、批号是否相符；包装有无破损、污染及漏汤现象。

② 抽样　抽样要均匀，每件取样50g。在取样过程中应注意有无霉菌生长（起白）情况，保护液是否浑浊，藠头色泽与风味是否正常，箱间藠头品质有无显著差异。

a. 级别检验　将各级分别称重并数粒数，看颗粒是否均匀，隔级和临级藠头各多少，并计算百分率。

b. 外观色泽　检查色泽是否正常（白色、稍黄），并检出青绿、青紫等杂色藠头，计算百分率（按颗粒计）。

c. 形态　两端是否平稳。检出留头、留尾的藠头，计算百分率（按颗粒计）。

d. 病斑、机械伤　将病斑、机械伤藠头检出，并计算百分率（按颗粒计）。

e. 盐分　用$AgNO_3$溶液滴定测定。

(3) 检验报告　应对成品进行不定期的抽样检验，并将检验结果记录入表，并写出分析处理意见，由厂长和检验员签名后存档，以便复核检查。

二、盐渍藠头加工质量安全控制

1. 原料质量控制

藠头的产地环境和田间管理直接影响到咸藠头产品的产量和质量，基地必须严格按照藠头无公害、绿色或有机产品生产标准进行标准化种植与管理，推广新技术、新肥药，严把农产品质量安全关，突破贸易的“绿色壁垒”。

(1) 产地环境要求　防止因受土壤、水中重金属污染而使产品中重金属含量超标，出口企业须每年在种植基地取土取水检测，确定基地环境适合种藠头。

(2) 藠头栽培技术规范　选用个体中大，洁白无污染，层多耐腌制，肉脆爽口的藠头加工良种。忌过多施氮肥造成藠头个体太大。同时注意培土，高垅高畦栽培防止青藠头产生。

(3) 农药肥料使用规范　农药残留是国际贸易中非常受重视的一个问题，如“日本食品农残肯定列表制”，对藠头等食品和农产品提出200多项农药残留限量新标准，必须按照这个标准通过实施良好农业规范（GAP）组织生产。对藠头的霜霉病、紫斑病等病害及葱蓟马、螨类、根线虫等虫害的防治，必须控制农药种类、浓度、安全间隔期；同时实施标准化的肥、水管理技术，确保原料农药、重金属残留不超标。

（4）藠头新鲜、成熟良好　藠头叶子20%～30%已变为黄色时，是收获的良好时期（6月中旬）。采收后及时送往工厂加工，防止隔夜藠头抽蕊，若收获后过些日子才做盐渍，则制成商品后必定引起“去心”或“软化”现象。为确保“当天收获、当天交货、当天下池腌制”，藠农和工厂都要事先制定计划，根据工厂规模大小、日处理能力来决定基地的收获数量。

2. 加工过程控制

加工过程中，盐渍工序是关键控制点，为发酵完全，并保证组织的脆度、色泽，必须用木板或竹板将藠头压在盐水液面下，防止藠头露在空气中腐烂、变软、变黑、发臭。注意“追盐”，及时提高咸度，防止发酵过度变酸。同时，盐渍所需要的盐分别加入，逐渐加大咸度，可使盐分渗入组织的速度加快，缩短达到平衡的时间，且藠头舒展饱满，富有弹性。

3. 卫生管理控制

为了确保食品的卫生质量，规范食品加工厂的卫生管理，保护消费者的健康，应当建立保证食品卫生的质量体系，并制订体现和指导质量体系运转的质量手册。凡申请卫生注册的藠头食品厂必须执行环境卫生、车间及设施卫生、原辅料卫生、加工人员卫生、加工卫生、包装与贮运卫生、卫生检验管理等相关要求及有关卫生规范。

第三节　糖醋渍藠头加工技术

糖醋渍藠头是以新鲜藠头为原料，经食盐腌制、脱盐、脱水后，用糖、食醋或糖醋液浸渍而成。利用高浓度食盐的保藏原理进行半成品的腌制，利用罐头加工原理进行甜酸藠头产品的加工。产品按包装容器可分为听装、瓶装和袋装。根据各地口味和市场需求，调整酸与糖的比例可生产甜酸藠头（偏酸）、酸甜藠头（偏甜）、甜藠头和酸藠头等。制成的甜酸藠头罐头是目前出口的主要农产品之一。

一、甜酸藠头软罐头加工

甜酸藠头软罐头也称软包装甜酸藠头，指用复合塑料薄膜袋盛装并经密封杀菌后能长期保存的一种袋装食品（甜酸藠头）。复合塑料薄膜袋能够加热杀菌，又叫“可杀菌袋”或“蒸煮袋”。甜酸藠头软罐头由于袋壁薄，所需杀菌时间短，可使藠头保持较好的色、香、味，且具有营养卫生、经济实惠、食用方便的特点，是目前颇受欢迎的风味食品。

1. 工艺流程

原料验收→拣选清洗→腌制→两切→去粗老皮→分级→一次精选→脱盐→第一次杀菌→二次精选→漂洗→配液→检验→灌装、排气、封口→第二次杀菌→灯检→X光异物检验→装箱入库。

生产工艺流程图见图4-1。

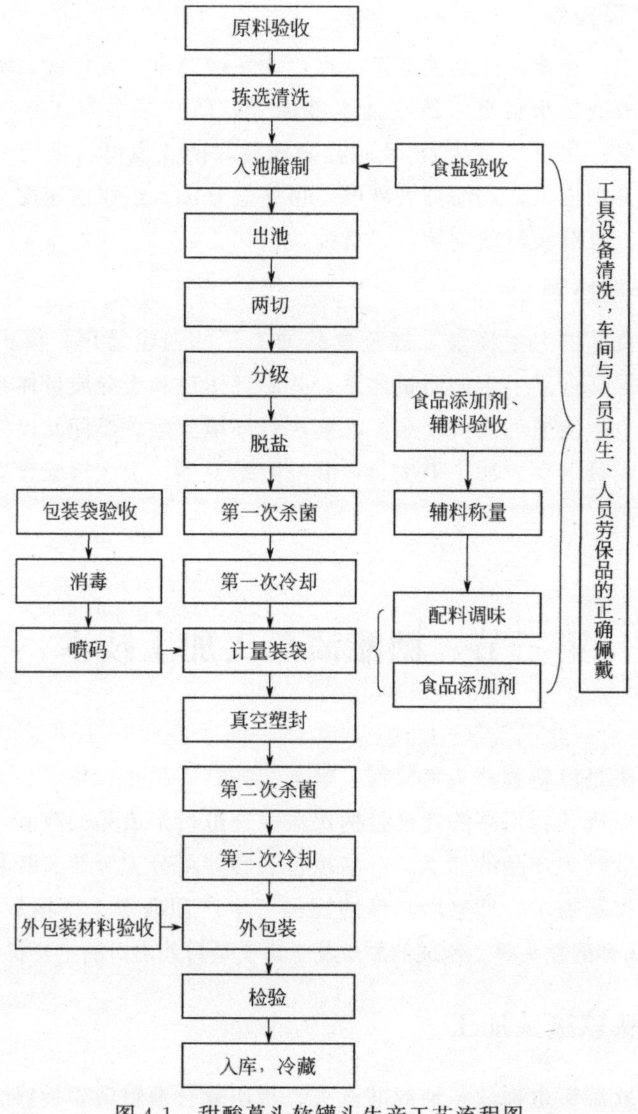

图4-1　甜酸藠头软罐头生产工艺流程图

2. 操作要点

(1) 原料验收　按藠头加工厂收购要求，严格控制收购程序，抽查质量合格。

(2) 拣选清洗　验收合格的藠头装入网袋或周转箱，在清水中浸泡，用木耙或滚筒式洗涤机冲水，使藠头在水中互相摩擦脱去外部泥沙、老表皮，反复清洗至干净。

(3) 腌制　经清洗除去泥砂杂质沥干称重的藠头进入腌制池后，用浓度10%的盐水，或浓度为10%～11%的盐水和浓度为0.2%～0.25%的明矾配制的溶液进行腌制，也可以按100kg新鲜藠头加盐6.5～7kg、明矾0.2～0.25kg，一层藠头放一层盐和明矾。原料满池后用竹板铺盖加原料重量10%的石头加压，或用无毒塑料薄膜将池内藠头盖好，然后放竹垫垫好，再均匀压重石，让其自然发酵。

(4) 两切　腌制40d左右，待原料自然乳酸发酵充分，将藠头从池内取出，人工切去藠柄和根蒂部，一边切一边粗分级分开存放，同时剔除青果、烂果、软化果、变色果，用另外的果篓盛装。

(5) 去粗老皮　两切后的藠头用手工结合机械去皮机去粗老皮，同时选出不合格果，切削不良果和空心、夹砂、病斑、畸形、变色果，然后用10%的盐水漂洗干净。

(6) 分级　漂洗后按大、中、小、细、花、花花6个级别用竹筛或机械进行分级。

(7) 一次精选　对分级好的产品去除不合格果和杂质、异物，包括病斑果、暗果、夹砂果、斜刀果、伤刀果、游离皮、杂质等。

(8) 脱盐　将一次精选好的藠头采用清水进行脱盐，并按时搅动、测量，以达到食盐浓度2.8%。

(9) 第一次杀菌　将脱盐后符合要求的产品分级放入预煮机内，上、下调动吊篮搅动藠头。藠头各级预煮温度都为80℃，预煮时间3～5min。预煮后取出放冷水池中自然冷却，冷却时间约为10min，或放入流动冷水中冷却5s，拿出后再放入冷却2s。冷却后进行精选。

(10) 二次精选　将杀菌后的产品在灌装前进行第二次人工精选，去除不合格果和杂质、异物，达到合格的目标。

(11) 漂洗　将二次精选好的藠头输入漂洗槽内漂洗，进一步除杂质、游离皮。

(12) 配液　藠头预煮、冷却、精选后分级装入复合塑料袋，称重后灌入糖醋液。糖醋液配制是以100kg藠头计，配饮用水60kg，白糖25kg，食盐2.5kg，冰醋酸2.5kg。待水烧开后将糖放入水中溶解冷却后加一定量的冰醋酸，将糖醋液的pH值调至3.8，过滤后装袋。

(13) 检验　甜酸藠头灌装前，对各项指标进行检验，检验合格后，方可进入灌装程序。

(14) 灌装、排气、封口　将第一次杀菌的藠头取出，按藠头与配置好的糖醋液以2∶1的比例装入袋，启动真空包装机，调节真空负压度和热合时间，热合封口。要求包装完好率≥99%、重量偏差率≤±2%。

(15) 第二次杀菌　把封好口的产品平铺在旋转式低温连续杀菌机或滚筒式杀菌机上杀菌，杀菌温度80℃，杀菌时间17～20min，杀菌后立即放入流动冷水中迅速冷却至室温。

(16) 灯检　从滚筒式杀菌机内取出的包装藠头，冷却后用毛巾擦干包装外水渍，整装输入镜检台进行镜检，逐袋检查其质量问题，如发现头发、绒线、粗老皮、病斑杂质、封口不良、袋中排气不尽以及袋子污染、规格有差异等不合格产品，检出。

(17) X光异物检验　灯检后的产品逐袋通过X光异物检测仪检验两次。

(18) 装箱入库　将合格的藠头按不同重量规格进行外包装处理，要求计件准确，标识分明，分级堆放。

具体操作可参考《藠头标准化生产与加工技术》（化学工业出版社）第六章第二节“糖醋渍藠头类标准化加工技术”的内容。

3. 质量标准

出口日韩的甜酸藠头软罐头的质量标准如下：

(1) 感官标准

① 色泽　藠头呈芽白色，有光泽，大小均匀，无根蒂，糖水清晰透明。

② 滋味及气味　具有该产品应有的乳酸发酵的芳香味，甜酸爽口，无异味。

③ 组织形态　组织脆嫩，颗粒完整，呈鼓形或近似鼓形。切口要平整，表面无粗老皮，无机械伤，无虫伤，无病斑，无青藠头。

④ 杂质　不允许存在。

(2) 理化指标　糖度：22%～25%（用手持糖量计测得）；总酸：0.8%～1.0%；pH：3.8；食盐含量：2.0%～2.5%。

(3) 微生物指标　大肠杆菌≤30个/100g；致病菌不得检出。

4. 质量控制

加工甜酸藠头软罐头所用的藠头原料必须经加工企业按收购控制程序检验合格后，方可成为加工用料。

加工过程必须按GB 14881—2013《食品生产通用卫生规范》进行，原料和半成品运输工具必须打扫干净并确保无任何污染。半成品仓库、成品仓库及地面必须具备隔热防潮功能，仓库应为“四无”仓库。生产加工工人必须按食品的卫生要求持有健康证，进入车间必须穿着工作服、戴工作帽。

二、甜酸藠头罐头加工

甜酸藠头罐头一般指金属罐和玻璃罐甜酸藠头。其加工方法如下。

1. 工艺流程

原料验收→清洗→腌制→两切→去粗老皮→分级→脱盐、漂检→空罐清洗消毒→配汤→装罐→排气、封口→杀菌、冷却→检验。

2. 操作要点

（1）原料验收　选择新鲜、肥大、质地脆嫩藠头，青头和破口颗粒不得超过10%。

（2）清洗　用网袋盛装后尽快送往工厂用清水反复冲洗干净，装于竹筐或周转箱内沥水。

（3）腌制　每100kg藠头用盐9kg（或18kg），氯化钙或明矾0.2kg，腌制容器用大缸或水泥池。盐腌时铺一层藠头，撒一层盐和明矾，掌握下层藠头用盐量少，上层藠头用盐量多。

（4）两切　腌制成熟后将池内表层霉烂变色等不合格的藠头剔除不用，合格的藠头用流动水反复冲洗，除去泥沙和杂质，改善藠头表面色泽。然后用不锈钢刀逐颗进行两切处理并进行粗分级，切根去梗，留下部分1.5～2cm，同时剔除软烂、青绿色和发暗的藠头。

（5）去粗老皮　将两切后的藠头倒入擦皮容器中，加适量的水，手工擦去粗皮膜，或用擦洗机擦洗去除外膜，然后倒入漂洗池中，捞除外膜杂质。

（6）分级　一般按藠头横径≥21mm为L级，16～20mm为M级，10～15mm为S级，7～9mm为T级，共分四个等级。将分级后的藠头，在流动水中剔除残留外膜和不合格藠头。

（7）脱盐、漂检　将修整分级后的藠头，倒入漂洗池内，用流水漂洗脱盐或将盐坯用1.5倍清水浸泡，每天换水两次，在浸泡期间，每天检测2次。漂至含盐量2%～3%。

（8）空罐清洗消毒　将各罐经沸水煮沸消毒后倒置备用。

（9）配汤　先测出半成品中含盐含酸的量，再根成品质量标准要求计算酸、盐的补充加入量，糖按糖量计测量控制。

总酸量=(成品总酸量－固形物×半成品含酸量)/罐汤量

总盐量=(成品总盐量－固形物×半成品含盐量)/罐汤量

(10) 装罐　先装大小、色泽一致的藠头和去蒂剪成长条的辣椒（宽 0.5cm，长 2cm），后装汤汁。藠头用玻璃瓶装盛时固形物含量需在 60%以上，另加 2～3 根辣椒，再趁热灌注汤汁。

(11) 排气、封口　采用抽气密封，真空度 0.045MPa，751 型罐汤汁热时有时不排气，直接密封。

(12) 杀菌、冷却　185g 装藠头罐头杀菌式 100℃/(3′～12′)，用冷水急速冷却。340mL 玻璃瓶杀菌式 100℃/(5′～25′)，分段冷却。杀菌后迅速冷却到 40℃，及时擦罐，消除水垢，入库保温（37℃）7d。

(13) 检验　擦罐进库，经保温检验或打检合格后即可包装出厂。

3. 质量标准

产品应符合 QB/T 1400—1991《荞头罐头》的标准：产品外观颗粒完整，大小均匀；藠头乳白色有晶莹感；有轻度挥发性酸气息及藠头清香，无异味，咸、甜、酸味适度；组织紧密、肉质脆嫩，表面无外膜及脱皮现象，汤汁清晰、不混浊；无肉眼可见外来杂质。固形物含量≥60%，食盐（以氯化钠计）1.5%～3.0%，总酸度（以醋酸计）0.8%～1.8%，可溶性固形物 24%～29%。微生物指标符合商业无菌要求。

4. 质量控制

在甜酸藠头罐头生产中易发生变色、软烂问题。这是由于此产品是加酸产品，铁罐、玻璃罐铁盖以及器具易被酸腐蚀。解决措施是在腌制过程中，用石头压住原料使其不外露，并用盐加明矾粉封顶。水洗罐头外盖上的盐渍以防止生锈。

三、醋渍藠头加工

醋渍藠头即酸藠头，是以藠头为原料，经盐渍、醋渍制成。根据醋渍菜生产工艺通用规程，醋渍藠头加工工艺、操作方法和质量标准如下。

1. 原辅料选择

(1) 藠头　选用质地脆嫩，个体均匀、饱满，无青头，无机械伤，无病虫害的新鲜藠头。

(2) 食盐　应符合 GB 2721—2015《食品安全国家标准　食用盐》的规定。

(3) 食醋　应符合 GB 2719—2018《食品安全国家标准　食醋》的规定。选用总酸含量 4%～5%的粮食酿造醋。

2. 工艺流程

原料整理→盐渍→醋渍→成品。

3. 操作要点

（1）原料整理　先用清水洗去鲜藠头表面的泥沙及表皮黏液，剪根去尾，留茎1.5～2cm，清除粗皮与杂质，沥干水分。

（2）盐渍　每100kg藠头用食盐17kg腌渍。洗涤过的藠头应立即下缸盐渍，按一层藠头一层盐，下少上多的方法腌渍。缸满后按100kg藠头加含盐量9%的盐水5kg，用喷壶喷洒在藠头面上，喷水后最上面再加一层食盐。第2天在缸中间挖一个凹塘，将缸底部盐卤舀起，淋浇在藠头面上，并压上竹篾与石块，每隔4h淋浇一次，连续3d。第4天捞出、沥卤，100kg鲜藠头可得80kg左右的咸坯。

（3）醋渍　将咸坯藠头倒入食醋中，食醋重量占咸坯重量的5%。装至距离缸口16～18cm处为止，然后再灌进食醋，用量为每100kg咸坯添加食醋13～18kg，补加食醋漫过菜体9～10cm。10d后每100kg藠头加0.5kg食盐。100d后即为成品。

4. 质量标准

（1）感官指标　色泽米黄色，有光泽；滋味咸酸适口、微有甜味，无异味；香气正常，加酸的酸藠头有挥发酸气；颗粒饱满、肥壮，无杂质；质地脆嫩。

（2）理化指标　水分不得超过80.00g/100g；还原糖（以葡萄糖计）不得低于4.00g/100g；总酸（以乳酸计）不得超过2.00g/100g；砷（以砷计）不得超过0.5mg/kg；铅（以铅计）不得超过1.0mg/kg；添加剂按添加剂标准执行。

（3）微生物指标　大肠菌群近似值不得超过30个/100g；致病菌不得检出。

四、糖醋小根蒜加工

1. 工艺流程

原料整理→盐腌→切分、漂洗→调味→包装→杀菌、冷却→成品。

2. 操作要点

（1）原料整理　制作即食风味菜的小根蒜，在抽薹后叶片枯黄、鳞茎成熟时期采挖较好。剔除枯黄叶及粗皮，除去残茎、须根及杂质，用清水洗净，沥干表面水分。

（2）盐腌　将沥干表面水的小根蒜用盐腌制，加盐量为小根蒜原料重的10%。

（3）切分、漂洗　腌渍成熟后按照标准进行切分。再进行漂洗，除去杂质和盐分，至含盐量3%左右。沥干水分，迅速进入下一个工序。

（4）调味　加入小根蒜原料重20%的白糖、50%的白醋及其他调料，拌匀。

（5）包装　按每袋100g装入复合包装袋中，抽真空包装封口。

（6）杀菌、冷却　杀菌温度为100℃，时间为15min。杀菌完毕迅速投入流动水中冷却或喷淋冷却，使温度尽快降至40℃以下。

五、甜酸藠头罐头生产危害分析与关键控制点（HACCP）

1. 甜酸藠头罐头生产的危害分析

甜酸藠头罐头生产从原料的收购到成品是一个比较复杂的生物化学变化过程，工序比较多。对甜酸藠头罐头生产过程各工序中的生物危害、化学危害和物理危害逐一进行分析，提出显著危害的预防措施，甜酸藠头罐头生产中的危害分析见表4-7。

表4-7　甜酸藠头罐头生产中的危害分析

加工步骤	危害分析	是否显著	判断依据	预防措施	是否为CCP
空罐及盖验收[a] 无菌袋验收[b]	B：致病菌 B：致病菌； C：辐照残留物	是	细菌通过二重卷边再次污染微生物 无菌袋密封性能不良导致被污染，无菌袋中辐照物残留	控制罐头二次卷边与外界隔绝，控制浇胶质量 无菌袋有密封性能合格证，有辐照物残留合格证	是CCP1 是CCP1
藠头验收	C：农药残留、重金属（铜、铅、砷）； B：微生物（严重的病虫害、破口）； P：杂质、青藠头	是	藠头生产过程使用农药超标，土壤和水污染，铅、砷、铜超标；藠头表面存在致病菌和寄生虫，采收运输可能带有金属、玻璃碎片、泥沙石、纤维绳等； 青藠头、破口藠头	凭藠头农药残留、重金属普查合格证明收藠果，控制破口、青口果在10%以下，及时排除杂质	是CCP2
清洗	B：微生物； P：杂质； C：水质造成污染	是	水被污染； 原料和水中存在泥沙	通过SSOP进行控制； 充分清洗	否
腌制	B：微生物； C：用盐量，腌制时间，冰醋酸的用量； P：盐质不纯带来杂质	是	腌制池、盖板、压石未消毒，藠头暴露时间过久，用盐量过低，盐夹有砂子等杂质影响品质	通过SSOP进行控制，严格控制盐、冰醋酸用量及腌制时间，使用纯度较高的盐	是CCP3
出池修剪、去粗老皮、分级、退盐	B：微生物； C：水质污染，洗后盐量超标； P：擦皮后外膜杂质未除干净	是	操作者、环境、工具不卫生，半成品搁置暴露时间过久，水被污染，盐量超标，影响甜酸藠头的外观和口感	通过SSOP进行控制，严格按产品质量标准进行修剪、分级，严格控制漂洗时间，严格遵守工艺	是CCP4

续表

加工步骤	危害分析	是否显著	判断依据	预防措施	是否为CCP
预煮、冷却[b]	B：微生物、酶； C：水质污染	是	温度过高、过低，水质污染	通过SSOP进行控制，按要求控制温度与时间	否
配汤	B：微生物； C：糖、盐、冰醋酸的用量不合标准； P：混入杂质	是	辅料变质、未达食用标准，设备污染，搁置时间太久	辅料供应商提供检验合格证明或第三方证明，严格按产品质量标准确定糖、盐、冰醋酸的用量，按操作规程操作	是 CCP5
装罐[a] 装袋[b]	B：微生物 B：微生物	是	设备污染，空罐与瓶盖消毒不严，装罐温度不够影响真空度 无菌袋消毒不严，装袋温度不够影响真空度	通过温度和SSOP进行控制 通过温度和SSOP进行控制	是 CCP6 是 CCP6
排气、封口、杀菌、冷却	B：密封不严、杀菌不彻底而引入微生物； P：杀菌温度和冷却不彻底使产品脆度受影响	是	排气不良、密封不严、封口污染、杀菌温度与时间不够引起败坏	通过SSOP和产品质量标准进行控制，严格控制杀菌温度、时间，及时冷却到40℃	是 CCP7

注：1. B—生物危害；C—化学危害；P—物理危害；SSOP—卫生标准操作程序。
2. [a]代表罐头加工；[b]代表软罐头加工。

2. 关键控制点及其关键限值与纠偏措施

通过对甜酸藠头罐头生产工艺各环节进行危害分析与评估，有针对性地确定出整个工艺过程中的关键控制点、显著危害、关键限值、控制措施、监测方法和纠偏措施，具体方法及措施详见HACCP工作计划表（表4-8）。

表4-8　甜酸藠头罐头生产的HACCP工作计划表

关键控制点	显著危害	关键限值	监控				纠偏措施	记录	验证
			内容	方法	频率	人员			
空罐及盖验收[a] CCP1 无菌袋验收[b] CCP1	二重卷边不良引起污染，微生物繁殖 致病菌污染、辐照残留物	封口的紧密度、迭接率、完整率，浇胶等达标 密封性能合格证，辐照物残留合格证	罐头的二重卷边两个合格证	用游标卡尺或投影仪解剖检查 检查两合格证	每批	品控人员	拒收没有检验合格证明的或经检验不合格的产品	罐头二重卷边检验记录，审核液胶质量检查记录； 进厂物资检验原始记录	审核记录 每进货批次审核一次

续表

关键控制点	显著危害	关键限值	监控				纠偏措施	记录	验证
			内容	方法	频率	人员			
藠头验收CCP2	虫害、病害，青头、破口，农药残留、重金属	青头，破口果颗不得超过10%，农残与重金属符合标准要求	农残、重金属，青头、破口	供应商提供的检测合格证明及本公司委托检测机构提供的检测合格证明	每批	品控人员	对原料进行有选择的定点收购，不合格的拒收，确认超标后立即处理	《原料验收单》、检测报告和合格证接收记录	核对检测合格报告并签字，对原料进行抽查检测
藠头腌制CCP3	盐量，腌制时间，冰醋酸的用量	用盐量约为藠头的10%，冰醋酸用量约为鲜藠头质量的0.5%，腌制时间为20d	盐量，腌制时间	量具和时钟测量	每天	品控人员	用盐量不足及时添加	专人负责测量，做好《腌制作业表》记录	品控人员对每天的记录进行确认
漂洗退盐CCP4	水质污染，洗后含盐量超过标准	用流水漂洗4～6h，洗后藠头含盐量不得超过3.5%	时间，含盐量	含盐量检测器检测	每批	品控人员	适当增加和缩短漂洗时间	专人负责检测做好《漂洗、退盐作业表》记录	审核记录
配汤CCP5	盐、冰醋酸和糖的用量不合标准	成品含盐量1.5%～3.0%；含酸量0.8%～1.8%，含糖量22%～25%	盐、酸、糖	盐量检测器和酸量检测器检测盐量及酸量，手持糖量计测糖量	每班	灌装工序操作员	根据检测结果和成品要求补充，冰醋酸尽可能随配随用	《配汤作业表》	品控人员对每天的记录进行确认
装罐[a]装袋[b]CCP6（包括空罐、空袋清洗消毒）	引入微生物	达到无菌	温度、时间	严格控制消毒温度和时间以及装罐装袋温度	每班	灌装工序操作员	不用不合格产品	《封罐封袋作业表》	检查每批记录

续表

关键控制点	显著危害	关键限值	监控				纠偏措施	记录	验证
			内容	方法	频率	人员			
杀菌CCP7（包括排气、封口、杀菌、冷却）	引入微生物，杀菌不彻底，密封不严，因为杀菌温度和冷却不彻底使产品脆度受影响	抽真空封口时的真空度≥350mmHg，排气中心$T \geqslant 60℃$杀菌，及时冷却到40℃	真空度，杀菌温度、时间	严格按杀菌规程控制杀菌温度和时间，及时冷却	每班	杀菌工序操作员	剔除不合格产品	《杀菌作业表》	检查每批记录，产品商业无菌检验，仪器仪表定期校对

注：1. [a] 代表罐头加工；[b] 代表软罐头加工。

2. 1mmHg≈0.133kPa。

第四节　酱渍藠头加工技术

酱渍藠头即酱藠头，是以藠头为主要原料，经盐水渍或盐渍成藠头咸坯后，经脱盐处理，浸渍于黄豆酱、豆瓣酱、甜面酱或酱油中，制成一种别具风味的藠头加工品。制品具有酱汁或酱油的风味和色泽，咸甜适宜，嫩脆。它分为咸味酱藠头和甜味酱藠头两种。

一、酱渍藠头加工基本工艺

1. 工艺流程

原辅料选择→盐腌处理→脱盐处理→酱渍处理→包装处理→成品。

2. 操作要点

（1）原辅料选择

① 原料　选择肉质肥厚、质地脆嫩的新鲜藠头。

② 酱料　酱藠头的质量决定于酱料的质量。应选择酱香突出、鲜味浓、无异味、色泽红褐、黏稠适度的优质酱料。

a. 豆酱　又称咸酱或黄酱，由黄豆酿制而成，色泽金黄、质地细腻、有浓厚的酱香味，并含有多种营养物质。

b. 面酱　又称甜酱或甜面酱，用面粉发酵而成，质地细腻，甜香可口，有鲜味，并含有丰富的营养物质，具有去腥、解腻、增鲜等作用，是加工酱菜不可缺少的调味品。

c.酱油　发酵酿制而成，酱油具有气味芳香、鲜味醇厚、营养丰富等特点。

③ 食盐　腌制酱制藠头要求用精制盐。

(2) 盐腌处理　新鲜藠头清洗后立即进行盐腌，盐腌分干腌法和湿腌法。

① 干腌法　按整理后原料重加干盐15%～16%，与原料拌匀或分层撒于腌制藠头上。

② 湿腌法　用25%的食盐溶液浸泡原料，盐液约与原料重量相等。藠头坯和盐液的最后含盐量最低应达到15%以上才能较长期保存。

藠头腌制期为45～60d。

(3) 脱盐处理　将盐腌成熟的藠坯进行浸泡脱盐，以便吸收酱液。脱盐最好用流动的清水漂洗，如果用水浸泡脱盐，在浸泡过程中要经常换水。脱盐标准以口尝藠坯微有咸味，含盐量在2%～2.5%为宜。脱盐后的藠坯，沥干明水进行酱渍。注意脱盐时间随藠头分级大小及脱盐时温度高低而不同。

(4) 酱渍处理　将盐腌成熟而又经脱盐处理的藠坯，浸于酱汁或酱油中，使藠头吸收酱汁或酱油的色、香、味而制成与酱汁、酱油同等风味的制品。

① 酱汁配制　在酱料中加入各种调味料可酱制成各种风味的品种。可按酱油100、食醋10、白糖8、白酒5、味精2的比例将各种辅料混匀、溶解、调好备用；也可加入花椒等香料、料酒等制成五香酱菜；加入辣椒制成辣椒酱菜；将多种菜坯按比例混合酱渍或已酱渍好的多种酱菜按比例搭配包装制成什锦酱菜。

② 酱制方法　脱盐沥干明水后的藠坯直接放入酱缸中，使酱液淹没藠坯，或将脱盐沥干明水的藠坯先装入布袋里，然后再放入酱缸中酱制。酱料的用量一般为菜坯重量的50%～100%，不得少于30%，过少酱菜风味不浓。

为了获得品质优良的酱渍藠头，最好连续酱渍三次。第一次在第一酱缸中酱渍，一周后转入第二酱缸内，用新酱酱渍一周，再转入第三个酱缸中，继续酱渍一周。为减小劳动强度，可用水泵循环来代替倒缸环节。酱制期一般为10～30d。

③ 酱制期的管理　酱制过程中应注意经常翻拌，酱缸适宜放在15～25℃处，使藠头迅速而均匀地吸收酱汁，缩短酱制期限。如在酱制过程中遇生花长霉，可少量添加鲜姜片或紫苏叶数片，防止霉菌继续生长。成熟的酱藠头如果不放在酱缸中保存，应装坛密封保存。

在常压下酱渍时间长，酱料耗量大也大，可采用真空酱制工艺，将藠头坯置密封渗透缸内，抽一定程度真空后，坯随即吸入酱料，并压入净化的压缩空气，维持适当加压和加温处理十几小时到3d，酱藠头便制成，较常压渗透平衡时间缩短10倍以上。该工艺不仅保持了酱菜风味，改善了加工过程中的卫生条件，还大大缩短了生产周期，降低了成本。

(5) 包装处理

① 传统方法　酱汁渍藠头或酱油渍藠头等酱菜类食品，一般采用坛装运输

或销售，也有采用散装运输的。

② 现代方法　将酱制好的酱藠头取出，沥干酱料，用玻璃瓶、复合塑料薄膜袋等容器包装，加入适量汤汁，再密封、杀菌、冷却，擦干包装物外表的水分，装入纸箱，制成规格一致，便于运输、销售和食用的酱渍藠头食品。

a. 汤汁配制　可按酱油 50、食醋 10、白糖 3、味精 0.5、饮用水 500 的比例配制，关键要根据消费者要求和口味进行调整。

b. 简易操作　将酱藠头装入玻璃瓶，并加适量汤汁，盖上盖（不要拧紧），放入 85～90℃蒸锅内蒸汽消毒，10min 后取出，迅速拧紧瓶盖，冷却。用复合塑料薄膜袋包装的，酱藠头和汤汁入袋后真空包装，再杀菌消毒即可。

3. 质量标准

对每一批包装完好的产品随机抽样 3～5 瓶进行感官、理化、微生物指标的检查，以确保产品质量。

（1）感官要求　制成品呈红褐色，酱香浓郁，具藠头特有的乳酸香味，肉质脆嫩，酸甜咸味适度。

（2）理化指标　盐分 10%～12%，糖 9%～13%，酸度 0.8%以下。

（3）微生物指标　细菌总数（个/g）≤100，大肠杆菌（个/g）≤30，致病菌不得检出。

二、家庭自制酱渍藠头加工

1. 原料配方

鲜藠头 10kg，食盐 1kg，甜面酱、酱油各 5kg。

2. 制作方法

用剪刀修剪藠头的根蒂，撕掉粗皮，洗净，控干表面水分，加盐腌制 15d。取出藠头，控干水分，放入甜面酱缸中酱渍。7d 后取出，去掉表面余酱，再浸入酱油中保存，随吃随取。

3. 产品特点

油红色，有酱香，质地脆嫩。

第五节　泡酸藠头加工技术

一、泡酸藠头加工基本原理

泡酸藠头又叫盐水渍藠头、浅盐渍藠头，是新鲜藠头不经过脱水或适当晾干，用低浓度盐水或少量食盐处理，而制成的带酸味的藠头腌制品。制品主要利用乳酸菌在低浓度食盐溶液中进行乳酸发酵，在隔离空气的条件下可以久贮不坏，达到长期保存的目的。由于制品质地嫩脆、形态饱满、颜色鲜美、风味芳香、咸酸适度，能增进食欲，帮助消化，且具有一定的医疗功效。是人们喜食的一种藠头加工品。

二、泡藠头加工

泡藠头是以新鲜藠头为主要原料，添加或不添加辅料，经食用盐或食用盐水泡渍发酵，调味或不调味等工艺加工而成的藠头制品。

1. 泡藠头加工基本工艺

（1）主要原辅材料

① 原料　组织紧密、质地脆嫩、层多、肉质肥厚、无病虫害、无腐烂的新鲜藠头。

② 辅料

食盐：应符合 GB 2721—2015《食品安全国家标准　食用盐》标准中一级精制盐标准；

白砂糖：符合 GB/T 317—2018《白砂糖》标准中一级品的规定；

白酒：符合 GB 2757—2012《食品安全国家标准　蒸馏酒及其配制酒》的规定；

辣椒：色泽红润，有光泽、味辣，无霉变，无杂质。

（2）工艺流程

原料处理→容器准备→泡菜液配制→入坛泡制→泡制发酵→泡制管理→商品包装（整形→配汤→装袋→杀菌冷却→保温检验）→贮运。

（3）操作要点

① 原料处理　剔除不适宜加工的老叶、粗皮、须根等部分，用清水洗净泥土及杂质，晾干明水备用。

② 容器准备　容器选传统泡菜坛或类似容器。因为泡菜坛既能抗酸、抗碱、抗盐，又能密封，且能自动排气，隔离空气使坛内能造成一种嫌气状态，既有利于乳酸菌的活动又防止了外界杂菌的侵染，使泡菜得以长期保存。

泡菜坛的质量对泡菜制作有直接的影响，因此在使用前要认真清洗和检查。检查的内容一看坛子是否漏气，是否有裂纹、砂眼；二是检查坛沿的水封性能是否良好，坛盖下沿是否可以淹没在密封水层以下，水槽中的水是否会进入坛内。然后坛内用沸水烫或用少量酒精消毒，晾干备用。工业化生产可以用大型不锈钢发酵罐。

③ 泡菜液配制　泡菜的质量在很大程度上取决于泡菜液的质量，而泡菜液的质量又取决于盐和水的质量。

a. 用于配制泡菜液的水必须清洁，无病原菌，无异味、臭味和杂质，应澄清透明。水以硬度在 6 毫克当量/升以上的井水、泉水或自来水为好，因其含矿物质多，可以保持泡菜成品的脆性。如果水的硬度不够，应加少量 0.05%的氯化钙或是用 0.2%～0.3%生石灰水短期浸泡原料，取出清洗后入坛泡制以增加脆度。

b. 配制泡菜液使用的盐应杂质少、纯净，一般为精盐，而且要求盐中的苦味物质极少。

c. 配制盐水时，按水的重量加入 6%～8%的食盐，煮沸，冷却，过滤后注入泡菜坛中。为了加速乳酸发酵，缩短泡菜成熟时间，常在新配制的盐水中，加入品质良好的陈泡菜水 15%～30%或人工接种乳酸菌，乳酸菌接种以混合菌株（详见本章第七节）为好。为了增进色、香、味，还可加入 2.5%的白酒，2%～5%的白糖，1%～5%的红辣椒，直接与盐水混合均匀。亦可加入 0.1%～0.3%用布袋装的混合香料。香料的使用与产品色泽有关，使用时应注意。

家庭自制可在坛或瓶内加入冷开水、盐、酒、糖和市场上购买的腌制小米椒和小米椒水，加入藠头后密封即可。

总之，注意必须选用上等食盐并严格按一定的比例配制盐水，勿使成品太咸也勿太淡，其用盐量以最后产品与泡菜液中食盐的平衡浓度在 4%为准，方可获得满意的成品。

④ 入坛泡制　将原料装到泡菜坛内的一半，装紧实，放入香料袋，再装入原料，至离坛口 6～10cm 处，用竹片将原料卡住，注入泡菜液淹没原料，防止原料露出液面因接触空气而氧化变质，盖好内碟和坛盖，注入坛沿水封口，存放于阴凉干燥的室内，避免日晒雨淋，让其自然发酵成熟。

⑤ 泡制发酵　藠头入坛后的发酵过程一般分三个阶段：

a. 发酵初期　时间为入坛 5～9d，肠膜明串珠菌迅速繁殖，产生乳酸，pH 下降至 5.5～4.5，产生大量 CO_2，从坛沿水中有间歇性气泡冒出，是泡藠头初熟阶段。泡藠头咸而不酸且有生味，不宜食用。

b. 发酵中期　时间为入坛 9～15d ，以植物乳杆菌、发酵乳杆菌发酵为主，pH 下降至 3.8～3.5，大量腐败菌死亡，酵母菌被抑制，乳酸量达 0.4%～0.8%，泡藠头风味最佳，是泡藠头完熟阶段。当泡菜含酸量达 0.4%～0.8%时，即可捞出。

c. 发酵后期　时间为入坛 15d 以上 ，是泡藠头过熟阶段。如果继续让其发酵，造成乳酸积累过多，超过 1.0%～1.2%时，口味太酸，乳酸菌自身的活动也受到限制，泡菜表现过熟，此时的产品不属于泡菜，是酸菜，色泽灰暗，组织软化，一般应控制不能发酵到此阶段。

乳酸发酵过程和泡菜的成熟时间与泡菜液、气温有关。乳酸菌生长最适宜温度 26～30℃，夏天藠头入坛泡制发酵 15d 即可，冬天泡藠头达到成熟所需时间则需延长一倍左右。另外，用陈泡菜水泡制时泡菜成熟期可大大缩短，而且用优质的陈泡菜水泡制的产品比新盐水泡制的产品色香味更好。

⑥ 泡制管理　藠头入坛泡制后，一般不需要特殊的管理，只要保证水槽中有足够的水形成水封口即可。应注意以下几方面。

a. 泡菜要全部淹没在盐水中，加入藠头后盐水距坛口 3～4cm。

b. 要注意水槽中水分控制，槽内经常保持清洁的水，不宜过多或过少。过多有时因气温的突然改变影响大气压力的改变，水槽内的水就会被吸入坛内影响制品的品质；过少则坛内容易进空气，引起制品败坏。因此坛槽水应随时渗满淹没坛盖边沿，并经常更换，保持清洁。

c. 取菜、揭盖、换水时，勿使槽内的水滴入坛内，引起制品败坏。安全起见，可以在水槽内加入食盐，使其食盐含量达到 15%～20%，一方面水槽内的水不易败坏，另一方面水槽中的水就是浸入坛内也不至于影响坛内泡菜的风味。

d. 在泡制和取食过程中切忌带入油脂类物质，因油脂密度小，浮于盐水表面，易被腐败性微生物所分解而使泡菜变臭。

e. 发现泡菜水表面有轻微的“生花长膜”，可缓慢倒入少量白酒，勿搅动，因酒比泡菜水轻，浮于表面，有一定杀菌作用。为使泡菜水不“生花长膜”，亦可加入大蒜、紫苏、萝卜等含有植物抗生素的原辅料。

f. 泡菜可一次配盐水多次使用，边吃边泡，好的泡菜卤水可持续使用几年，反复使用。由于卤水中含有大量乳酸菌，泡制时间可以缩短，如咸度不够可添加食盐、香料等。如发现卤水变质应立即停止使用。

g. 泡菜成熟后最好及时取食，家庭中随泡随食最为合适。如果泡菜量很大，一时又食用不完，则宜适当增加食盐，放于低温环境，严格密封坛口，即可长期保存。但是贮存的时间太久，泡菜的酸度不断增加，组织也逐渐变软，影响泡菜的品质。

⑦ 商品包装　成熟泡藠头要及时取出，防止继续变酸变软。取出后也要及时包装，否则在常温下不易保存，尤其是在气温高、湿度大的雨季，在空气中的氧气以及微生物作用下则更易腐败变质，失去其应有的风味。为了使制成的泡藠头有适宜的贮存期并安全地到达消费者手中，需要对泡菜进行适当的包装和杀菌。包装材料应符合食品卫生标准，包装容器可选用抗酸和抗盐的涂料铁皮罐、卷封式或旋转式玻璃罐、复合塑料薄膜袋。封装应严密、不泄漏、不鼓盖、无胀袋（罐）。一般藠头泡菜最好选用复合塑料薄膜小袋包装，一般装量控制在 200g 左右，这样便于携带、取食方便、开启容易，不会因为打开包装一次食用不完而

影响剩余泡菜的质量，是一种很好的即食食品。其具体操作如下。

a. 整形　用不锈钢刀将泡藠头两切为适当腰鼓形，两切后及时装袋，暴露在空气中的时间不应超过 2h。

b. 配制汤汁　取优质泡菜盐水，加砂糖 3%～4%，味精 0.2%，乙酸乙酯 0.1%，乳酸乙酯 0.05%，将食盐和乳酸量分别调至 4%～5%与 0.4%～0.8%，充分溶解过滤备用。

c. 装袋　将泡藠头和汤汁按 10∶1 比例装袋，选用厚度在 6μm 以上的尼龙/高密度聚乙烯袋，泡菜通过特制漏斗装入袋后，在 0.9MPa 以上的真空度下抽真空密封，热合带宽度应大于 8mm。为了更好地保存包装后的泡藠头，可以采用加热杀菌和冷藏技术。

d. 杀菌冷却　85～90℃热水浴杀菌，100g 装 10min，200g 装 12min。杀菌结束后迅速置于冷水中冷却至 38℃左右。

e. 保温检验　在（28±2)℃下保温 7d，检验有无胖袋、漏袋，并抽样进行感官指标、理化指标和微生物指标鉴定。合格产品装入瓦楞纸箱中，捆扎入库。

如果泡藠头加工成罐头，罐液配比为食盐 3%～5%，乳酸 0.4%～0.8%，砂糖 3%～4%，味精、香料等酌加，煮沸过滤。装罐时菜量与罐液量的比大约为 3∶2。装罐密封后，罐头容器的杀菌温度为 100℃，10～15min，冷却擦干后贴标、装箱。

⑧ 贮运　产品在运输过程中应轻拿轻放，防止日晒、雨淋，运输工具应清洁卫生，不得与有毒、有害、有污染的物品混运。泡藠头应贮存于阴凉、通风、干燥、防鼠防虫的设施内，未灭菌的泡菜应采用冷链保存和销售。由于泡菜、酸菜都含有对人体有益的大量的活性乳酸菌，加热杀菌会使乳酸菌失活，还会影响泡菜、酸菜的色泽、质地和香味，应采用真空包装和冷藏（在 4～8℃条件下）的方法进行保存，并应尽快流通、食用，提高产品的食用价值。

（4）质量标准

① 感官指标　具有泡菜藠头特有的色、香、味，无杂质，无其他不良气味，有一定脆度的为合格产品；凡是色泽黯淡、组织软化、缺乏香气、过咸过酸或咸而不酸或咸而带苦的泡藠头都是不合格的产品。

a. 色泽　近似原料色泽，有光泽，汁液清晰透明，允许有轻微的沉淀及原料碎屑。

b. 滋味及气味　具有泡菜风味及原料本身特有的风味和香味，酸咸适度，无腐败异味。

c. 组织形态　组织紧密，质地脆嫩，肉质肥厚。形态保持原形，同一袋内大小基本一致。

② 理化指标　食盐含量（以 NaCl 计)：2%～4%；总酸含量（以乳酸计)：

0.4%～0.8%；砷（以 As 计）≤0.5mg/kg；铅（以 Pb 计）≤1.0mg/kg；食品添加剂按食品添加剂标准 GB 2760—2014 执行；亚硝酸盐（以 $NaNO_2$ 计）≤20mg/kg。

③ 微生物指标　细菌总数（个/g）≤100；大肠杆菌（个/g）≤30；致病菌不得检出。

2.家庭自制泡藠头加工

泡藠头是以藠头为原料，浸渍在添加辛香料的盐水中，经发酵制作的泡菜，家庭自制泡藠头加工技术如下。

（1）原料及辅料

① 原料　藠头要求新鲜脆嫩、组织致密，无机械伤，无病虫害。

② 辅料：

食盐：应符合 GB 2721—2015《食品安全国家标准　食用盐》的规定。

白酒：应符合 GB 2757—2012《食品安全国家标准　蒸馏酒及其配制酒》的规定。

花椒：红色、皮厚、籽小、不霉变、无杂质。

尖辣椒：色红，味辣。

白砂糖：应符合 GB/T 317—2018《白砂糖》的规定。

③ 配比　鲜藠头 100kg，食盐 16kg，白酒 6kg，花椒 0.2kg，红辣椒 6kg，白砂糖 2kg，清水 100kg。

（2）工艺流程

原辅料预处理→洗涤→修整→晾晒→浸渍→发酵→贮存管理。

（3）操作要点

① 原辅料预处理

a.盐水制备　将食盐用文火焙炒至无爆炸声。每 100kg 冷开水，溶解焙炒食盐 16kg，静置沉淀，用两层棉布过滤。取滤液灌入洗净、控干的荷叶坛中，备用。

b.辅料预处理　花椒洗净、晾干、剔除杂质；尖辣椒洗净、晾干、剔除杂质。

② 洗涤　将藠头用清水洗净，捞出，沥去明水。

③ 修整　切掉藠头茎盘上须根，去掉尾部茎叶，留下鳞茎，剥掉老皮。

④ 晾晒　将洗净、修整的藠头，置通风向阳处晾晒 3～4h，其间要翻动 2～3 次，至菜体无表面水，呈现微皱纹。

⑤ 浸渍　将处理好的藠头和辅料，依次装入灌有盐水的泡菜坛中，进行浸渍。然后加盖干净菜盘，水槽中注入清水，扣上扣碗。

⑥ 发酵　菜坛盐水保持食盐含量在8%以上。置20～25℃条件下，发酵15d左右即为成品。在发酵过程中，发现水槽中的水蒸发过多时，应取下扣碗，擦干残存的槽水，更换新水。

⑦ 贮存管理　泡菜贮存期10d左右，食用时，应用专用工具取菜，不得带入油腻物质或滴入槽水。发现卤汁中有霉膜，可加少量白酒或鲜生姜片，霉膜严重时，应废弃卤汁，更换新卤。如需延长贮存期，应补加食盐，使卤汁食盐含量达到13%～16%。

(4) 成品感官要求　色泽基本保持原藠头的颜色，有光泽；香气有原藠头的清香和一定的酯香；滋味酸咸适口，稍有甜味及辣味；质地鲜嫩、清脆。

3. 泡辣藠头加工

泡辣藠头由发酵鲜藠头、发酵新鲜小辣椒和汤汁组成，可工业化生产，产品风味达到家庭传统泡菜加工风味，克服了用辣椒拌藠头，表面有辣味、里外不一、口感差等弱点。

(1) 原料及辅料

鲜藠头：选择适宜加工的大叶藠、长柄藠、江西藠头等品种。

辣味剂：新鲜野山椒辛辣度更甚于新鲜小辣椒，选其中的一种或两种。

甜味剂：选用白糖、红糖、甜菊糖、甜蜜素中的一种或多种。

酸味剂：选用柠檬酸和食用醋酸。

鲜味剂：选用味精、鸡精中的一种或两种。

维生素：选用维生素C钠、维生素C钙、维生素E、维生素D中的一种或多种。

(2) 操作要点

① 鲜藠头、新鲜小辣椒的发酵　将鲜藠头、新鲜小辣椒或新鲜野山椒淘洗干净，沥干水分，在20～25℃下，用2%～6%的盐水，在密闭容器内发酵20～25d，再经整形、挑选、去皮、分级、清洗、水检，备用。

② 汤汁的配制　汤汁由下列组分组成：

盐2%～6%、柠檬酸0.1%～0.3%、食用醋酸1%～3%、鲜味剂0.1%～0.3%、甜味剂0.1%～15%、维生素0.2%～4%（以上均为质量分数），余为水。按比例称取汤汁的各组分，用水搅拌溶解成溶液，备用。

例如1000g汤汁的配料可为盐40g、柠檬酸2g、食用醋酸20g、鸡精1g、味精1g、白糖10g、甜菊糖1g、维生素C钠1g、维生素E1g，溶解于923g的水中。

③ 泡辣藠头的制备　经发酵的鲜藠头和新鲜小辣椒的质量分数为：鲜藠头85%～90%，新鲜小辣椒15%～10%。

经发酵的藠头与小辣椒之和，与汤汁的质量比为6∶4。如称取经发酵的藠头102g（102/120×100％＝85％），发酵的野山椒18g（18/120×100％＝15％），放入包装袋中，再加入制备好的汤汁80g；封口，在80～90℃杀菌，冷却至室温，检验，装箱即成。

三、酸藠头加工

1. 原料准备

将藠头用清水洗净泥沙，沥干水分，切去根须和尾部。辣椒清洗干净沥水后去蒂备用。

藠头、辣椒洗净后也可用5％～10％的盐水消毒一次，沥干水分备用。

2. 加工

方法一：藠头70kg，红辣椒30kg，切碎，加入1kg切成细末的大蒜瓣，加入10～15kg食盐和1～1.5kg白糖，充分拌匀，上坛密封。

方法二：藠头100kg和洗干净的鲜辣椒20kg分开剁碎，混合一起拌盐7kg入缸进行腌制，如量大需要加一点明矾保脆。出现盐水后，再加盐3kg，分层撒上，拌入白酒、花椒等调料。密封坛口。

方法三：将3份藠头和1份辣椒剁碎拌匀，每100kg料加食盐5kg，依个人口味不加或加入适量食糖、花椒、米酒，拌匀装罐密封。

3. 产品特点

酸藠头既可用于烹调佐料，又可作为开胃小菜。可直接将其拌入凉面、凉粉、凉菜中，由于切成细末并加入了红辣椒，更易入味，且颜色诱人，香脆微带甜、辣、酸味，能增进食欲。成品可以真空袋包装，居家旅行，方便携带；亦可以小瓦罐包装出售，居家食用，易于保存。

四、泡藠头加工质量安全控制

泡藠头是以鲜藠头为原料，入泡渍液，经乳酸发酵泡渍而成，以其酸鲜纯正、脆嫩芳香、清爽可口、解腻开胃、促消化、增食欲等特色吸引着众多消费者。由于泡菜含有较高的水分和丰富的营养，货架期短，需低温流通；其加工后不宜采用杀菌技术（杀菌后即变色、变味、质地软化），故对其的质量与安全控制难度高。近年来，受泡菜低盐、低糖、本味、原色发展趋势的影响，将纯正的泡酸藠头以最佳的质量提供给广大消费者，需要从标准化的操作和规范化的监督着手，进行危害分析。

1. 影响泡藠头质量的因素

（1）原料　应该符合藠头的品质标准和卫生安全标准。选择原料时注意成熟度和质地，要求原料新鲜，质地脆嫩，组织致密。及时对原料清洗。在原辅料运输到加工厂后，在24h内剔除破口、青藠头等不合格的产品，按规定验收入厂，清除附在藠头表皮的灰尘、泥沙、农药等污秽物，然后沥干水备用。

（2）泡制　将沥干水后的藠头入坛后进行乳酸发酵，乳酸既有保鲜功能，又可增强产品风味，乳酸发酵的质量以及乳酸在泡菜中的积累将直接关系到泡菜的质量。如乳酸发酵不正常及乳酸数量不足，不仅影响泡菜的风味，而且会使其他微生物不受抑制而大量生长繁殖，导致泡菜品质下降、有害物质的产生甚至发酵失败。乳酸菌的生长受温度、食盐浓度、pH值、氧气浓度、发酵时间、发酵基质营养成分等多种因素影响，泡制时应根据乳酸菌的生理特性创造最佳生长条件（温度25～30℃，pH 5.5～6.4），关键是发酵时控制厌氧条件。目前泡菜生产方式一种是沿用传统自然菌发酵，自然菌发酵泡菜生产周期长，产品质量不稳定；一种是采用人工发酵，使用人工发酵剂、人工接种或使用陈卤液进行泡菜生产。不管采用何种方式都应注意乳酸菌发酵对泡菜品质的影响。

总之，在泡菜生产过程中应满足乳酸发酵正常进行所需的条件，获得适宜的乳酸含量（0.4%～0.8%），恰当确定发酵终点。

（3）包装

① 出坛整形分级　低盐发酵结束后，及时将藠头坯捞出进行两切修整和分级，注意卫生和时间控制。

② 调配　为了增加泡藠头的风味，一般在发酵好的泡藠头中添加白糖、酒、辣椒和各种香辛料，为了防止带入杂菌，这些香辛料要提前预煮后再加入。

③ 封口　封口不良会造成微生物浸入，导致产品腐败变质；真空度不足，袋内气泡多，会降低杀菌效果；拌料到封口时间间隔过长，将导致原始菌落数增多，会造成后续杀菌不足。

④ 杀菌　杀菌温度过低，不能杀灭泡菜中有害微生物而引起腐败变质；而温度过高或时间过长，又会造成泡菜产品的风味损失和品质下降。影响杀菌效果的因素有：操作失误，没有严格按照杀菌公式执行；杀菌公式操作限值不合理导致杀菌不彻底；封口与杀菌时间间隔过长，细菌数量增多，造成杀菌不足，引起产品腐败。一般在发酵后泡菜pH值降低到4.5以下，可以采用巴氏杀菌，即85℃/(15′～30′)，可达到卫生要求。操作时按照泡藠头包装规格采用不同的杀菌公式对泡藠头产品进行杀菌。

⑤ 冷却　杀菌完毕后的产品立即进行冷却，烘（风）干包装袋表面的水分，剔除杀菌不合格产品。如冷却过慢，将导致杀菌后残存的致病性耐热菌快速繁

殖，造成产品腐败。

(4) 卫生

厂房和加工车间、生产设备与用具、原辅料、包装材料、操作人员等均是微生物污染的主要来源，也是可能导致泡菜危害的主要原因。卫生要求为：

① 管理制度　制定关于人员、设备、原材料、环境的卫生管理制度，配备专门人员进行定期检查管理。

② 车间内卫生要求　进入车间应先更衣、换靴、洗手消毒；清洗、切分车间水源充足，排水流畅；加工设备清洁卫生；泡制车间、泡菜发酵容器用前杀菌，水槽内的水常更换，车间内光线充足，空气质量达到食品生产卫生要求。

③ 生产人员的卫生健康　建立生产人员健康档案，生产人员每年至少进行一次由防疫部门组织的健康检查，必须持健康证才能上岗。

2. 泡藠头加工常见质量问题与控制

(1) 泡藠头软化　生产操作中时常看见软化的藠头，这是因为果胶分解酶和软化酶使细胞壁中的果胶水解，藠头组织变软，脆度下降。可在泡制藠头过程中加入适量的氯化钙或石灰水等保脆剂处理，同时泡藠头成熟及时捞出加工，终止发酵，泡藠头不能过熟。若生产过程中出现严重软化的藠头，必须弃之。

(2) 泡藠头坛水“生花”　“生花”是指泡菜坛水面出现了膜璞，这是因泡菜坛密封不严，某些耐酸、喜氧微生物危害的结果。“生花”对乳酸菌与产品质量均有较大影响，为此，要保持坛内厌氧环境以阻止有害微生物的生长。此外，可加入少量白酒、姜、蒜、食醋等，或加入 0.002%～0.005%的山梨酸钾等抑制膜璞的形成。

(3) 泡藠头产气、变色、产生异味等　腌制泡藠头过程中，藠头常受产气性微生物的污染而引起膨胀现象，以及受其他杂菌的污染而引起产气、变色、发黏和产生异味等。食用此类腐败变质的泡藠头后会危害人体健康。应采取搞好环境卫生，减少有害微生物污染源；控制盐、酸、温度和空气等环境因素，抑制有害微生物活动；加入适量允许使用的防腐剂等综合措施。

(4) 乳酸菌发酵控制

① 乳酸菌发酵与泡菜盐水的含盐量有很大的关系。当泡菜盐水浓度过高，不仅抑制有害微生物的生长，而且也会抑制乳酸菌自身的增长，影响产品的质量；浓度过低，其他微生物就会不受抑制而大量生长繁殖，藠头容易软化。所以，在配制泡菜盐水时，含盐量不能太高，也不能太低，最好为 6%～8%。

② 在泡藠头生产过程中，乳酸菌发酵最关键。温度对于乳酸菌发酵很重要。乳酸菌属中温型微生物，生长温度范围为 10～40℃，最适温度为 25～30℃。所

以一般选择他的最适温度。

③ 乳酸菌发酵一般分为三个阶段，前期乳酸菌与其他杂菌共同繁殖；中期乳酸菌产生的一定量乳酸抑制了其他杂菌的生长，自身快速繁殖；后期乳酸菌被自身产生的大量乳酸所抑制，此时泡菜中含乳酸量最高。泡菜食用时间与乳酸菌的发酵阶段关系密切，前期食用，咸而不酸；后期食用，酸而不咸，失去泡菜风味。因此泡藠头取食最好是在发酵的中期，泡菜中乳酸含量为0.4%～0.8%为宜。

3. 泡藠头生产危害分析与关键控制点（HACCP）

（1）泡藠头生产的危害分析

通过对泡藠头生产中各工艺步骤潜在的生物危害、化学危害和物理危害进行分析，确定其有关的潜在危害性及其程度，提出显著危害的预防措施，泡藠头生产中的危害分析见表4-9。

表4-9　泡藠头生产中的危害分析

加工步骤	危害分析	是否显著	判断依据	预防措施	是否为CCP
原料验收	C：农药残留、重金属（铜、铅、砷）； B：病原菌、真菌毒素和虫卵等； P：泥沙杂质、青藠头	是	藠头生产过程使用农药超标，土壤和水污染铅、砷、铜超标；藠头表面存在致病菌和寄生虫，采收运输可能带有金属、玻璃碎片、泥沙石、纤维绳等； 青藠头、破口藠头	藠头凭农药残留、重金属检验合格证和产地认证收购，控制破口、青口果在10%以下，对原料进行清洗处理； 辅料按质量标准采购	是 CCP1
清洗	B：微生物 P：杂质 C：水质污染	是	原料和水中存在泥沙； 水被污染	通过SSOP进行控制； 充分清洗	否
泡菜容器	B：霉菌、酵母菌等好气菌污染； C：容器中带有有害化学物质；	是	泡菜坛清洗不彻底，周围环境微生物污染； 不适当的清洗造成洗涤剂残留	保证容器的清洁和密封，周围环境卫生保持干净和清洁；按正确的方法对发酵容器进行清洗	否
泡制发酵	B：有害菌和腐败菌的污染； C：用盐量，陈醋或接种菌的用量； P：盐或陈醋不纯带来杂质	是	泡菜坛未消毒，泡菜坛进空气；用盐量过低，盐夹有砂子；水质、硬度等影响品质	控制厌氧条件，温度调节到乳酸菌最佳生长温度，调到较低的pH值，严格控制盐、酸量，泡制时间和方法；使用纯度较高的盐和水	是 CCP2
出坛修剪、去粗老皮、分级	B：微生物； C：水质污染； P：擦皮后外膜杂质未除干净	是	操作者、环境、工具不卫生，半成品搁置暴露时间过久，水被污染，影响泡藠头的外观和口感	通过SSOP进行控制，严格按产品质量标准进行修剪、分级，严格控制漂洗时间和方法	是 CCP3

续表

加工步骤	危害分析	是否显著	判断依据	预防措施	是否为CCP
调配	B：微生物； C：糖、盐、乳酸、辣椒的用量不合标准； P：混入沙子杂质	是	水源化学指标超标，辅料变质、未达食用标准，设备污染，搁置时间太久	水符合饮用水标准，辅料供应商提供检验合格证明；严格按产品质量标准确定用糖、盐、乳酸、辣椒的用量，按SSOP操作	是CCP4
真空封口	B：杂菌污染； C：化学品污染	是	病原菌繁殖； 包装材料不符合标准	通过SSOP进行控制；包装材料选择正规供应商，使用前进行消毒处理	是CCP5
杀菌	B：致病菌残留； C：杀菌设备清洗剂残留	是	杀菌温度或时间不符合工艺标准造成细菌残留；设备或管道中细菌残留；不适当的清洗造成清洗剂残留	严格执行工艺标准；根据实验数据确定关键限值；按正确的方法对设备进行清洗和消毒；设备的定期维修保养	是CCP6

注：B—生物危害；C—化学危害；P—物理危害；SSOP—卫生标准操作程序。

① 物理危害　原辅料在采收、存放、运输过程中都可能因环境及其他原因混入或夹带杂质。常见的有虫蝇、金属、设备部件、玻璃碎屑、塑料绳丝、泥沙、石子、草屑和谷壳等，以及藠头本身粗老皮。在加工过程中，要求去除这些可能存在的物理杂质。

② 化学危害　如藠头农药（含除草剂）残留、重金属污染等化学因素常常是泡藠头生产中的致命危害之一。清洁用水和加工用水不符合饮用水标准，也不能保证产品的质量安全。此外，为了改善泡藠头产品的色、香、味及保藏性，提高泡藠头的商品价值，还经常使用食品添加剂，如色素、香精、调味剂、防腐剂等，若使用劣质添加剂或过量使用这些食品添加剂，也会人为地带来化学性危害，因此要严格按照卫生标准使用。

③ 生物危害　原辅料在存放、运输过程中因微生物污染而带入致病微生物及腐败微生物，不但影响成品的外观和口感，也会对人体健康有较大的潜在危害。在泡藠头加工过程中会因有害微生物生长而使其品质变差，还会因为乳酸菌过度生长繁殖导致烧池。工艺流程设计不合理，加工的中间环节物料闲置堆积时间过长，也会促使微生物滋生；真空封口不良，易造成细菌二次污染；杀菌温度和时间不合理会导致腐败菌和致病菌残留；此外，生产车间的环境、操作人员、器具等清洗消毒不彻底，都会造成微生物大量繁殖。从原料到成品泡藠头的整个加工过程中，都要求尽可能地避免或减少有害微生物的危害。

(2) 关键控制点及其关键限值与纠偏措施　根据泡藠头生产危害分析，对关键控制点确定关键限值，进行监控，并制定相应的纠偏措施，建立记录和验证程序。由此制定泡藠头生产过程的 HACCP 计划表（表4-10）。

表 4-10　泡藠头的 HACCP 工作计划表

关键控制点	显著危害	关键限值	监控				纠偏措施	记录	验证
			内容	方法	频率	人员			
原料验收CCP1	虫害、病害，青头、破口；农药残留、重金属	按照企业原料收购标准：青口、破口果颗粒不得超过10%；农残与重金属指标符合国家标准	有毒有害物质（农残、重金属）；青头、破口；杂质	理化分析有害成分，目测青头、破口及杂质	每批	原料验收员	对原料进行定点收购，农残检测报告不合格的原料拒收，不符合企业收购标准的原料拒收	《原料验收单》；农残检测报告单	审核每批原料的验收记录
泡制发酵CCP2	有害菌和腐败菌，发酵不充分或发酵过度	发酵温度25～30℃，pH 5.5～6.4，厌氧条件，腐败菌；泡菜酸度0.4%～0.8%	微生物指标；发酵温度、pH及氧气浓度	微生物检验；温度、pH、氧气等记录	每批	操作工	泡菜坛消毒，发酵温度、pH、氧气浓度达不到要求时，按操作规范进行调整	温度、pH、氧气浓度、纠偏措施等记录	审核泡制发酵管理记录
出坛修剪、去粗老皮、分级CCP3	水质污染，漂洗时间，修整、分级	符合饮用水，控制漂洗时间；修整、分级规范	水质、漂洗时间、修整、分级	含盐量检测，切分、分级检验	每批	品控人员	适当漂洗，切分和分级不符合要求及时返工	专人负责检测，做好《漂洗、切分、分级作业表》记录	审核记录
调配CCP4	微生物，杂质，有害物质	食品添加剂符合GB 2760—2014；其他辅料按企业原料收购标准执行；配料用水符合饮用水标准	食品添加剂及辅料的质量（有害微生物、有害成分、杂质）、水质	检测微生物、水质、辅料、添加剂的有害成分；严格按照配方称量添加剂，目测杂质	每批	配料员和品控员	不使用不合格辅料和添加剂，且添加量符合卫生标准	配料记录、纠偏记录	审核记录

续表

关键控制点	显著危害	关键限值	监控				纠偏措施	记录	验证
			内容	方法	频率	人员			
真空封口CCP5	致病菌、霉菌	包装材料符合《食品容器、包装材料用助剂使用卫生标准》的要求；待封产品等待时间≤30min，真空度≥0.09MPa，封口平整、严密、不漏气	包装材料品质；待封产品等待时间，真空度，封口平整度	检测包装袋品质，调节真空度，控制待封产品等待时间，观察封口平整度，有无漏气漏封产品	每批	操作员、质检员	拒绝使用不合格包装材料；按工序要求进行装料，调整真空度，将不符合包装要求产品装入回收筐中整理后重新包装	包装材料送检记录；封口监控记录，纠偏措施记录	审核包装材料送检记录和封口记录，每周产品质检，定期检验真空度
杀菌CCP6	致病菌、耐高温菌群；因为杀菌温度和冷却不彻底使产品脆度和质量受影响	杀菌温度85～90℃，杀菌时间10～15min（根据不同包装量确定）杀菌用水符合卫生要求	杀菌温度、杀菌时间、冷却时间、杀菌用水	计时器、温度计、理化检测水质	每批	操作员、质检员	严格按照杀菌公式操作，杀菌时间、杀菌温度、冷却时间不符合要求立即调试设备；胀袋漏气等问题产品隔离回收	杀菌记录，温度计校正记录，纠偏措施记录	审核杀菌记录，定期检查温度计和杀菌设备

第六节　藠头菜酱加工技术

藠头菜酱是以藠头为原料，加入调味料、香辛料等辅料而制成的糊状藠头制品。不保持藠果原来的形状，但仍保持藠果原来的风味和香气。多用于调味或作酱腌菜辅料，是人们日常生活中不可缺少的调味品之一。

一、藠头蒜蓉辣酱加工

藠头蒜蓉辣酱香气浓郁、口感脆嫩、咸酸辣适中、色泽鲜艳、营养丰富，其加工方法如下。

1. 工艺流程

原料选择→清洗→晾干表面水分→剁碎→加料拌匀→装瓶（坛）→密封发酵→包装→成品。

2. 操作要点

（1）藠头处理　选择新鲜藠头鳞茎，冲洗泥沙，晾干表面水分，然后去根切尾，剁成大米般大小，备用。

（2）辣椒处理　选用晴天采收的无虫蛀、无软腐、无杂质、自然成熟、色泽红艳、辣味适中的牛角椒，洗净晾干表面水分，然后剪去辣椒柄，用粉碎机粉碎成大米般大小，备用。

（3）大蒜处理　把大蒜头分瓣，剥去外衣，洗干净后晾干表面水分，制成泥状备用。

（4）混合　将各种主料、辅料、添加剂按原料配比混合均匀。

（5）装坛　将混合好的原料置于坛中，压实、密封。

（6）发酵　将坛置于通风、干燥、阴凉处，让菜酱在坛中自然发酵，每天要检查坛子的密封情况，一般自然发酵20d左右，菜酱成熟，可打开检查产品质量。

3. 生产工艺关键控制点

为了提高藠头蒜蓉辣酱产品质量，在生产工艺上应掌握以下方面：

（1）辣椒处理　辣椒在采收后、清洗前不宜将辣椒柄去掉，目的主要是避免清洗时清水进入辣椒内，清水进入辣椒内部后，制成的产品香气减弱，而且味淡。

（2）发酵过程　原料装坛时一定要压紧、压实、压平，目的是驱赶坛内的空气，营造成厌氧发酵条件。发酵过程不可随意打开坛口，以免氧气进入，若菜酱品长时间暴露在空气中，会发生或促进氧化变色，使菜酱变黑。同时在有氧存在的条件下，会出现有害微生物如有害酵母菌、腐败细菌的活动，这些有害微生物不但消耗制品中的营养物质，还会生成吲哚，产生臭味，使产品发黏、变软，从而降低菜酱的品质，乃至使其失去食用价值。

（3）原料配比　影响产品质量的因素较多，从成品菜酱的脆嫩性、颜色、风味、口感、保存时间及外观等方面考虑，原料配比以藠头50%、辣椒25%、大蒜5%、糖1.2%、$CaCl_2$ 0.05%（单独使用口感不太好，宜与糖结合使用）、精盐12%、白酒1%、豆豉3%、Na_2SO_3 0.3%、苯甲酸钠0.05%为宜。

4. 质量标准

（1）感官指标

色泽：鲜红色间杂黑色豆豉、黄白色糊状藠头，有光泽。

香气：有辣椒、藠头的香气和醇香气，无其他不良气味。

滋味：味鲜而醇厚，辣、咸、酸、香、脆适口，无苦味及其他味。

形态：黏稠适度、不稀不稠，无霉花、无杂质。

(2) 理化指标　水分≤65%；食盐（以 NaCl 计）≥12%；总酸（以乳酸计）≤2%（过酸产品的颗粒易变软）。

二、藠头蒜汁辣酱加工

在藠头的腌制加工过程中，盐渍藠头出池后要通过去皮、分切和分级等工序的处理。其中保留的藠头仅占 40%～50%，余下的 50%～60%当作废料处理，这些含有大量有用成分只是颜色较深、纤维素含量较高、不够脆嫩的藠头废料，因堆积而产生浓厚的特异性臭味。根据孟潇等的研究，可利用盐渍藠头废弃品脱盐打浆与辣椒合理配比，添加天然葱属类增香酶制剂（蒜汁、葱汁、藠头汁），制作成既有藠头风味又有营养价值的葱香调味产品——藠头蒜汁辣酱。

1. 工艺流程

盐渍藠头废弃品→脱盐→剁碎
腌制好的辣椒→脱盐→剁碎 } →打浆→（加葱香酶制剂）混合→杀菌→装瓶→成品。

2. 操作要点

(1) 脱盐　水洗脱盐料液比为 1∶2，常温浸泡 1h 或以常温流水冲洗 30min 可以获得咸味适中的产品（一般含盐量为 2%～3%）。脱盐藠头的含盐量按 GB/T 12457—2008 的方法测定。

(2) 打浆　剁碎的藠头、辣椒及水的配料比以 1.2∶1∶0.6 为宜，用捣碎机打浆 2min 即可。关于藠头和辣椒的配料比，可以根据消费者不同的口味需求设置其他比例，一般在 1∶1 左右都可以。这样制成的产品稠度适中，细腻均匀，无分层。

(3) 增香酶制剂的制备　选取新鲜、汁多的蒜头，剔去坏处，洗净，晾干表面水分，将其用榨汁机榨成汁备用。混合时添加 1%的蒜汁可使产品藠香浓厚，辣味突出，气味协调。

(4) 杀菌　将玻璃瓶用清水洗净，并用蒸馏水润洗，再用过氧乙酸浸泡消毒，沥干。最后与瓶盖一起在 121℃下杀菌 30min。

(5) 装瓶　在无菌条件下，迅速装瓶封口，要注意防止酱水污染瓶口。

三、藠蓉辣酱加工

1. 工艺流程

原料选择→漂洗→预处理→捣碎→加酱与油拌料→装缸→发酵→包装→成品。

2. 操作要点

（1）原料选择　选用成熟、优质的藠头鳞茎，也可选用其他加工过程剔出来的小藠头为原料，但要剔除机械伤、腐烂的和青藠头，以及抽蕊的藠头。

（2）漂洗　藠头、辣椒用清水漂洗充分，然后甩（沥）干水。

（3）预处理　藠头鳞茎切去须根和尾部，不伤及茎盘，清去老皮；辣椒去除辣椒柄。

（4）捣碎　用捣碎机将沥干水的藠头、辣椒加工成砂状或泥沙状。

（5）拌料　将上述泥沙状料与大豆酱、甜面酱及麻油混在一起，搅拌均匀。

（6）装缸、发酵　将混合好的酱装缸、封口，常温下发酵15d左右。

（7）包装　用清洁、灭菌的塑料袋、玻璃瓶或陶罐按规格要求包装、封口。

3. 质量标准

（1）感官指标

① 色泽　棕红色，同一瓶（袋、罐）中色泽应一致，允许内容物表面有轻微褐色，表面无菌斑。

② 滋味　具有辣椒和藠头的滋味和气味，无异味。

③ 外观　酱体细腻，黏稠适度，无杂质。

（2）理化指标　固形物32%～38%，氯化钠12%～16%，苯甲酸钠≤0.08%，pH≤4.5。

（3）卫生指标　大肠菌群≤30个/100g，致病菌不得检出，保质期12个月。

四、风味藠头辣椒酱加工

目前藠头厂家为了适应国际市场的产品分级标准，对原料进行很大程度的切削，产生了大量的根、茎等废弃物，造成资源的浪费，亦给环境带来污染。可将盐渍藠头废弃的根、茎加工成汁、渣、干粉，作为一种风味添加剂与新鲜辣椒制作成藠头辣椒酱调味品。

1. 工艺流程

辣椒→挑选→清洗{剁碎（块）→、捣碎（浆）→}
藠头根、茎→清洗{榨汁→、捣碎→、烘烤→磨粉→}
}辅料
↓
→混料→装瓶→发酵→成品。

2. 风味藠头辣椒酱配方

将盐渍藠头生产加工中产生的根、茎加工成汁、渣和干粉，与辣椒等混合发酵制作风味好的藠头辣椒酱。配方：4kg 藠头干粉，9L 藠头汁，10kg 藠头渣，150kg 辣椒。

（1）藠头汁　藠头汁用量过少不能达到增香的效果；但是用量过多，其中的挥发性含硫化合物会引起不良口感，而且由于藠头中含有的杀菌成分对微生物有抑制作用，不利于发酵，导致辣椒发酵效果不理想。

（2）藠头渣　适量地添加藠头渣会起到改善产品发酵性能的作用，产品发酵程度较好，色泽均匀，带有浓郁的藠头香气，口感柔和；藠头渣用量过多时，产品组织形态不均匀，香气单一刺鼻，甚至出现不同程度的液化分层现象，且带有酸味。这是由于盐渍藠头是乳酸发酵过程，藠头渣中带有较多的乳酸菌，影响到产品的发酵，因此用量过多会引起品质下降。

（3）藠头粉　藠头干粉用量过少，不能起到增香的效果；用量过多，能增加一定的香气，但会引起产品煳味较重且色泽过深，影响产品的外观。因此实际生产中一定要注意藠头干粉的适量添加，使产品组织细腻，味道柔和。

3. 操作要点

（1）藠头的处理　把盐渍藠头加工过程中剩下的根、茎等放入榨汁机中，榨出来的汁和渣分别收集备用。

把藠头切片放入电热鼓风干燥箱，70℃加热烘干至有浓厚的藠头香味止，研至粉末状。

（2）辣椒的处理　选择干净、色泽鲜红、无腐烂变质的红辣椒，在清水中洗净，晾干表面水分，去掉青蒂及柄，对半剖开去籽，一部分用绞碎机绞成浆状，另一部分用刀剁成小于 0.5cm 的块状，备用。

（3）辅料的处理　选取新鲜、肥壮的黄心嫩姜，剔去碎、坏姜，洗净，晾干表面水分，把生姜剁成豆豉般大小备用。

（4）杀菌　将玻璃瓶洗净，用过氧乙酸浸泡消毒，沥干。与瓶盖一起用蒸汽在 121℃杀菌 30min。

（5）混料、装瓶　将藠头、辣椒、干豆豉、生姜、白酒、食盐等各种主料、辅料、添加剂按原料配比混合均匀。将混合好的原料置于瓶中，压实再密封。

（6）发酵　将瓶置于通风、干燥、阴凉处，让酱醅在瓶中自然发酵。每天检查瓶子的密封情况。一般自然发酵需要 10～15d，酱醅即成熟，可打开瓶子检查成品质量。

（7）检查成品质量　将酱醅用 4 层纱布过滤，滤液静置 30min，取 1mL 上层清液，稀释至 10mL，用 722s 分光光度计，于 600nm 波长，用 0.5cm 比色皿测定其吸光度，以吸光度的值测定汤汁的浑浊度。吸光度在 0.46～0.51 时，产品质感较好。食盐含量控制在 8%～10%，发酵终点控制在 pH 3.8～4.2 时能达到较好的发酵效果。

4. 质量标准

（1）感官指标　色泽呈均匀一致的深褐色，鲜亮有光泽；气味正常，藠头香味扑鼻，气味协调无异味；咸味适中，藠香浓厚、辣味突出；形态黏稠适中，组织细腻均匀，无分层。

（2）理化指标　食盐8%～10%，pH 3.8～4.2。

5. 感官评分标准（表4-11）

表4-11　风味藠头辣椒酱感官评分标准

等级	评价项目							
	色泽	评分	形态	评分	滋味	评分	气味	评分
优良	呈均匀一致的深褐色，鲜亮有光泽	17～20	黏稠适中，组织细腻均匀，无分层	30～35	咸味适中，藠香浓厚、辣味突出	15～20	气味正常，藠头香味扑鼻，气味协调无异味	20～25
一般	色泽不一致，过深或过浅	12～17	组织细腻均匀，稍干或稍稀	25～30	稍有咸味，辣味平淡，稍有杂味	10～15	气味正常，但气味协调性差	15～20
较差	色泽不均匀，灰暗无光泽	6～12	有霉花和杂质，有大量水析出	15～25	过咸或过酸，柔和性差，有杂味	5～10	气味协调性较差，有异味	10～15

五、家庭自制藠头辣酱加工

将鲜藠头去根剪尾，洗净晾干，按3∶1的比例备好红辣椒，将藠头和辣椒用刀剁碎拌匀后，按每100kg料加食盐5kg，依个人口味加入适量食糖、酒、醋、姜汁等拌匀装罐，淋一点山茶油再密封。

六、小根蒜风味酱加工

1. 原料

小根蒜，红辣椒，糖，酱油，豆酱，植物油，防腐剂。

2. 制作工艺

小根蒜→去杂、清洗→热烫、护色→调配（辣椒、酱油、糖）→煮沸→加入豆酱→再煮沸30min→加入防腐剂、植物油→出锅→微磨→均质→灌装→杀菌→

冷却→成品。

七、小根蒜泥加工

1. 小根蒜泥制作工艺

方法一：小根蒜→除杂、洗净→脱臭→磨碎→打浆→混合配料→成品。

方法二：小根蒜→检选、洗净→漂烫→打浆→菜泥。

2. 小根蒜火腿肠制作工艺

原料肉→洗净、去皮→切块→绞肉→腌制→加入小根蒜菜泥→搅拌→灌装→熟制→冷却→真空包装→成品。

第七节　藠头低盐腌制品的开发

传统发酵食品大部分食盐含量较高，一方面，高盐发酵周期较长，污染大，投资与管理费用高，生产成本上升，不利于提高市场竞争力和发展生产；另一方面，长期食用高盐食品，不利于人体的健康。因此，降低发酵食品中食盐的含量，改善其品质，开发营养保健、老少皆宜的产品，显得越来越重要。目前，藠头腌制品在国内外的主要发展方向是制造低盐制品，通过增酸等其他措施延长制品的保藏期。

一、藠头低盐腌制发酵的基本原理

近年来，甜酸藠头罐头及其他制品已发展成为我国南方出口超万吨的产品，但是，却存在因为质量影响销售信誉的现象。如有的厂家因藠坯质量差，靠外加冰醋酸制成所谓的藠头加冰醋酸“两凑合”产品；有的厂家用13%～14%的盐腌制的藠坯或者用盐渍藠头（含盐 20～22°Bé）作罐藏原料生产的甜酸藠头罐头，色、香、味都很差，客商称之为“酱藠头”，发展受到了阻碍。以上情况的产生是由于对甜酸藠头罐头原料低盐腌制发酵原理不甚了解，腌制技术不到位。藠头低盐腌制发酵原理及其应用如下。

1. 基本原理

(1) 利用食盐的高渗透压作用及防腐能力

① 腌制时食盐与藠头接触，由于食盐的高渗透压的作用，将藠头组织内的自由水和可溶性物质从细胞内抽出来，形成卤水，卤水中的食盐依靠渗透压渗入

到细胞组织内部，一直到细胞内食盐浓度与卤水中的食盐浓度达到平衡为止。低盐腌制藠头，这种平衡是比较容易建立起来的。但腌制初期，食盐促进菜体脱水，其主要作用是防腐保鲜。

② 微生物在等渗溶液中，其生理代谢活动保持正常。在高渗溶液中，其生理代谢活动呈抑制状态，甚至停止生长或死亡。试验表明，4.5%～5%低盐腌制藠头，在腌制初期防腐保鲜效果良好。

(2) 利用微生物的发酵作用　在藠头低盐腌制发酵过程中，同型乳酸发酵和异型乳酸发酵同时存在，也存在少量酒精发酵和醋酸发酵。正常发酵的最主要产物是乳酸、乙醇和醋酸等有机酸，同时放出二氧化碳气体。酸和醇会形成酯类化合物，是藠头香气的来源。少量的醋酸发酵会增加产品的风味。发酵反应能改变环境的pH值，乙醇有防腐能力，二氧化碳能抑制微生物的活动。藠头低盐腌制发酵，有发酵快、产酸快、产酸量大的特点，它能使卤水pH值很快下降到4.4以下。在这样的环境中，大肠杆菌、沙门氏菌、志贺氏菌、链球菌及其他腐败菌均受到抑制或被杀死，从而排除杂菌的干扰，保证乳酸发酵正常进行，所以在腌制中后期主要依靠乳酸发酵及混合发酵产生的乳酸及其他有机酸，有效地防止藠头腐败变质。

2. 基本方法

出口咸藠头过去是采用10%～11%的盐腌渍，用24°Bé的盐水装箱，近年来的出口咸藠头要求用5%～6%的低盐腌渍，用12～15°Bé的盐水装箱，这样自然要缩短咸藠头保存的时间，无论采用何种包装及保鲜处理，冷链是其最主要的运输和销售方式。因受冷藏、冷链条件及消费水平等因素的限制，如不能将低盐藠头存放在冷库里，势必导致装箱后的藠头汤汁混浊、产气、起泡，箱内藠头有异味，严重地影响产品质量，造成经济损失。用低盐腌渍，用低浓度的盐水装箱，还需要使用乙醇，或者醋酸、柠檬酸等代替食盐以补充渗透压，来提高产品质量。

(1) 优势菌种的选育和多菌种发酵技术促进低盐发酵工艺的优化　开发低盐腌制品，最好的途径是选育出优良的微生物纯种，创造最适的生长条件，加强乳酸发酵作用，以达到既抑制有害微生物的入侵活动又实现快速发酵的目的。腌制藠头的质量与发酵液所含菌种的质量直接相关，对腌制发酵菌种的选育，一是自然发酵过程中的菌种，二是人工发酵所用菌种的选育。

① 藠头多菌种低盐发酵技术　筛选出最优发酵剂，缩短发酵时间；采用臭氧水对原料进行处理，有效地减少杂菌的污染；采用多菌种低盐发酵，使产品中的亚硝酸盐含量较传统发酵的低，藠头的色泽好；采用复合保脆剂，在不影响乳酸发酵速度和腌制期的前提下，保证产品的脆度；通过添加乙醇有效地抑制杂

菌，提高产品风味，从而保证藠头色白、脆嫩、甜香怡人、酸辣适口的自然风味，营养成分不流失。多菌种低盐恒温发酵技术，克服了传统方法以高浓度盐水泡制，发酵后又脱盐，影响藠头的口感，生产周期长，且产生含盐量很高的废水等缺陷。通过分析对比产酸能力、生长稳定性、耐盐性、亚硝酸盐降解能力，得出肠膜明串珠菌、短乳杆菌、植物乳杆菌具备作为腌制藠头用发酵剂的优良特性，其比例为 3∶1∶1。参与发酵的所有菌种均能在含盐量 5%～8%的环境中生长，而多数不能在 12%～15%的环境中生长。

② 采用纯种低盐发酵，配以排气、密封、杀菌工艺技术等，以确保产品风味醇正、香气浓郁、口感松脆，增加产品的市场竞争力。另外过度的乳酸发酵会降低藠头脆性，在实际生产中可采用分次加盐处理，使前期乳酸菌发酵充分，再通过提高盐浓度来抑制其发酵，以保持藠头的脆性；同样，用纯种低盐发酵来降低 pH 值护色效果较好，但其发酵香气不够，可在发酵菌剂中添加酵母菌，以进一步改善发酵藠头的风味。操作时将挑选处理并清洗干净的藠头浸没于含有 2%～5%（质量分数）乳酸菌与酵母菌的混合菌培养发酵液中，于 20～30℃密封条件下，缓速发酵。

（2）选用食盐替代物及食盐协同物降低发酵食品中食盐含量　要发展低盐化的腌制品，关键是需要研究采用其他物质来代替大部分食盐，以及设法创造乳酸菌快速增殖和发酵产酸的最佳条件。如在低盐溶液中，添加适量的蔗糖、葡萄糖和乙醇，这样既补充了低盐量引起的渗透压不足，又为乳酸菌生长发酵提供碳源，且有利于改善产品风味。

① 氯化钾部分代替氯化钠　钾和钠在生物学过程中是相互作用的，过量摄入食盐，可使人体内钠离子和钾离子的比例失调。与钠的作用相反，钾可以降血压，限钠补钾有利于高血压的防治。因此选用氯化钾部分代替氯化钠进行低盐发酵，可降低产品中钠的含量。

② 乙醇与食盐协同作用降低食盐用量　白酒常被用在许多食品中来改善食品的风味。同时，酒中的乙醇还起着防腐剂的作用，一定浓度的乙醇可以抑制腐败菌的生长。在低盐发酵食品中，添加一定量的乙醇，可以防止发酵醪腐败。

在藠头低盐发酵过程中，乙醇具有与食盐相匹敌的渗透压，利用乙醇的渗透压来代替食盐的渗透压能防止白霉生长，减少产气，少量添加乙醇有利于改善产品风味，一般添加 1%～4%乙醇可以起到减盐的作用。

③ 中药材与食盐协同作用降低食盐用量　生姜是常用的中药及天然食品调味品，可用于发酵食品中起到与食盐协同防腐的作用，从而降低食盐的用量。另外，紫苏叶等与食盐也具有协同抗菌的作用。

（3）提高低盐发酵食品保存性能，延长低盐发酵食品的货架期　传统发酵食品主要是利用食盐提高保藏性能，延长保存期。降低发酵食品中的含盐量必然会降低发酵食品的保藏性能，不利于食品长期保存，货架期短。严格的包装材料是延长保藏的先决条件，加热杀菌是关键措施，化学防腐剂控制是对加热杀菌的补充，有机酸可为提高总的杀菌抑菌效果提供有利条件，将以上多种方法综合应用是延长低盐腌制菜保存期最有效的方法。在藠头低盐发酵过程中，可采用下列方法。

① 利用醋酸或柠檬酸来防腐　酸能抑制许多杂菌的生长而对乳酸菌无害，在12～15°Bé的盐水中加入2%的柠檬酸或3%的乙醇、1.1%的醋酸，可以完全抑制装箱后的藠头在箱内产气、起泡，可以提高出口咸藠头的保存期。从保存期来说，应按减少1%的食盐用量，补充0.13%酸的标准掌握。

② 利用低温控制产气、起泡，防止汤汁混浊　有条件的地方，在咸藠头的流通过程中，要应用冷链技术，低温保存咸藠头可大大降低咸藠头的盐分。目前食品向低盐化发展，对我国出口咸藠头在腌渍上提出了更高的要求，大多数要求12～15°Bé盐水的盐渍藠头，所以必须将低浓度的咸藠头保存于室温5℃左右，才有利于保住色、香、味，提高国际市场竞争力。

(4) 高新技术及现代管理方法在低盐发酵食品中的应用

① 食品高新技术的应用　在低盐发酵食品生产过程中，采用高新技术实现生产的现代化，不断地提升工艺技术水平，是继承、发扬传统发酵食品的主要发展方向，如真空腌制、超声波等高新技术得到应用。采用真空动态腌制法开发低盐腌菜，腌制温度20℃、真空度85kPa、动态真空腌制机搅拌转速1r/min、食盐水溶液浓度2%，制得的产品优于传统腌制品，且加工周期短，适合工业化生产。

② 数字化及现代安全管理方法的应用　在低盐发酵食品生产过程中引入数字化控制方法和现代安全管理方法，通过对每个生产工序的标准化生产控制管理，实现各种资源的最优化配置，从而使发酵食品进入数字化、安全化管理的时代。如将HACCP管理方法运用到低盐腌制品的生产过程中，确定关键控制点，建立监控体系，有效确保低盐腌制品的安全生产。

由于低盐发酵藠头有着广阔的发展前景，今后应该在保持传统发酵藠头特有风味的基础上，加强低盐发酵菌种、发酵条件和低盐发酵藠头安全性、保藏性、生物强化作用、功能保健性的研究，建立低盐发酵藠头的品质评价机制及统一的产品标准，促进传统发酵藠头健康快速发展。

二、藠头低盐腌制发酵加工技术

1. 藠头低盐加酸发酵加工

目前，腌制藠头的加工方法主要是采用食盐进行腌制保胚，待加工时脱去高盐进行加工。为保证腌制藠头有一定脆度，常使用明矾进行保脆；为保持腌制藠头具有较好的色泽，常大量使用二氧化硫进行护色。高盐腌制的藠头发酵风味差，添加明矾和使用二氧化硫，产品食用安全性欠佳；脱盐时漂洗时间长，营养成分损失大。可采取低盐加酸工艺发酵藠头，其操作要点如下。

(1) 清洗　取新鲜藠头去根割尾，地上茎保留1.5～2cm，用清水反复冲洗干净，沥干水。

(2) 第一次发酵　按质量分数取洗净的新鲜藠头44%～46%，在15～25℃下，加入食盐9%～10%、饮用水44%～46%、柠檬酸0.2%～0.4%、冰醋酸0.2%～0.3%和焦亚硫酸钠0.15%～0.2%腌制发酵10～12d，再将腌制发酵的藠头用清水冲洗1～2次并沥干水。

(3) 第二次发酵　在15～25℃下，按质量分数取沥干水的腌制发酵藠头46%～50%，加入食盐7%～9%、饮用水41%～45%、柠檬酸0.2%～0.3%和冰醋酸0.15%～0.2%，腌制发酵30～60d制成经二次发酵的藠头。

(4) 配汤　按质量分数取柠檬酸0.2%～0.6%、冰醋酸0.2%～0.4%、白砂糖4%～10%和甜味剂0.05%～0.08%，加88～92℃的水89%～95%溶解后，自然冷却至室温制成。

(5) 备制干红辣椒圈　选用6～10cm长的干红辣椒，剪成2mm左右宽的干辣椒圈，去辣椒籽后，用65～75℃水浸泡2次，每次8～10min。

(6) 装瓶、杀菌、冷却　按质量分数取上述经二次发酵的藠头55%～65%和汤35%～45%混合，按每千克藠头和汤加10～12个干红辣椒圈的比例加入干红辣椒圈1000～1200个，搅拌后装入食品瓶内，抽真空压盖，采用巴氏杀菌，杀菌温度为79～82℃，杀菌时间为13～14min，再在60～70℃水中冷却8～10min，然后在室温下，用流动的自来水冷却5～8min，擦干水即成成品。

(7) 质量标准　食盐含量为1.5%～3.5%，水分含量为82%～85%，总酸为0.65%～1.00%，保质期18个月，二氧化硫残留≤0.02‰（国家标准为小于0.1‰）。

藠头风味浓郁、原汁原味、回味悠长，较好地保留了藠头的色泽、脆度和营养成分，又具有较长时间的保存期限，且二氧化硫含量低，食用安全。

2. 藠头低盐接种发酵加工

(1) 藠头低盐多菌种发酵加工　将去根割尾的新鲜藠头用清水洗干净，沥干水，将藠头重量2.5%的盐倒入池中，加1%乳酸菌液（pH4.7左右，均匀洒在藠头面上，分两次加完，藠头装至半池时加一次，满池时加一次，有条件的可加入一定量的碳源和氮源物质作为乳酸菌的营养物质），加1%封池盐（每100kg藠头加粗盐1kg，明矾0.2kg，均匀洒在藠头面上），盖一层塑料薄膜，外加竹垫，最后压上石头。池温25℃时，发酵25d的藠头的色泽、脆度、酸度、风味、成熟度等可相当于自然发酵50d的产品。

(2) 藠头低盐接纯菌种发酵加工　传统的藠头腌制一般都采用高盐长时间的腌渍工艺，再经加水脱盐拔淡、糖渍、醋渍，使其口感欠佳、品种单调，腌渍汁也无法利用，造成营养成分的大量流失。人工接种纯种腌制藠头可低盐腌制，无需脱盐即可任意调配成各种适宜的味道，还可保留藠头的营养成分和活性乳酸菌制作新型的藠头功能性食品。接种乳酸菌进行甜酸藠头腌制的工艺如下：

① 工艺流程

原料选择→清洗→腌制（钾明矾、盐、水）→起卤→糖（醋）渍→包装→成品

↑

乳酸菌种→乳酸菌培养液

② 操作要点

a. 原料选择和清洗　选择体型完整、色白饱满的新鲜藠头，修剪、清洗后晾干。

b. 腌制　在腌制液中再加入盐水溶液体积5%的乳酸菌培养液（MRS液体培养基增菌培养，活菌数为108cfu/mL）

c. 糖（醋）渍　腌制成熟的藠头半成品起卤后，再用糖醋液（60%食糖溶液加冰醋酸调pH3.4～3.5）进行糖（醋）渍。

(3) 藠头低盐加陈发酵液发酵加工　使用陈发酵液进行新鲜藠头的腌制，可加速藠头的发酵、节约生产成本和减少发酵液对周边环境污染，低盐加陈发酵液腌制藠头的工艺如下：

① 藠头原料　新鲜藠头→清洗→晾晒1d后平铺到阴凉处→两切整理→备用。

② 发酵液　陈发酵液→粗滤→抽滤→浓度调节、pH调节。

③ 厌氧腌制　陈发酵液→加入藠头→在发酵罐中腌制。

由于有利于藠头腌制的微生物主要是厌氧菌，所以在厌氧条件下进行低盐腌制，可以减少杂菌污染，家庭少量生产时可以利用瓶、罐、坛自行低盐厌氧腌制藠头。利用缸、池大量生产时，由于密封不好控制，过低的盐分（质量分数5%）会导致杂菌较多，不利于藠头的发酵，藠头腌制初期宜采用质量分数15%左右的盐溶液。

(4) 密封瓶装、袋装产品　将经乳酸发酵成熟的藠头，加适量甜味剂和其他调味料，调配成各种不同风味，装瓶、装袋，真空封口。加温至80℃，保持15min，迅速冷却。

3. 藠头低盐自然发酵加工

自然发酵泡酸菜是利用低浓度食盐水溶液进行泡制，通过附生在藠头表面上

乳酸菌的发酵作用而得到的蔬菜加工品。蔬菜表面除附生乳酸菌外，还附生如酵母菌、丁酸细菌、大肠杆菌和一些霉菌等其他微生物，泡酸菜成功自然发酵的关键是控制环境条件使乳酸菌在发酵过程中成为优势菌，抑制其他微生物的活动。自然发酵泡酸藠头腌制详见本章第五节，一般是低盐装罐、装坛密封腌制，腌制后不需脱盐即可食用。

通过对自然发酵、人工发酵、自然发酵和人工发酵相结合的三种方法比较，从生产周期与产品质量来看，以自然发酵和人工发酵相结合的方法较好。

第八节　藠头腌制品加工质量安全控制技术

一、影响藠头腌制品加工的主要因素

1. 藠头腌制过程中主要的微生物

影响藠头腌制的主要微生物有细菌、酵母、霉菌，细菌主要是乳酸菌和大肠杆菌等。在藠头腌制过程中，能够发挥防腐功效的主要是乳酸发酵、轻度的酒精发酵和微弱的醋酸发酵。这三种发酵作用除了具有防腐作用外，还与腌制品的质量、风味有密切的关系，为正常的发酵作用。其他为影响腌制的有害发酵，微生物的活动情况如下：

① 乳酸菌可将葡萄糖分解成乳酸，发酵时不产气体，主要在发酵中期，所以藠头腌制中期池中气泡很少。

② 腐败菌可将葡萄糖分解成乳酸和 CO_2，其菌落黏滑，黏附于藠头表面，使藠头表面组织变软，影响品质，是腌制时出现的有害菌。其存在于发酵初期，但随 pH 降低，很快受到抑制。

③ 大肠杆菌可将葡萄糖分解成乳酸、醋酸、琥珀酸、酒精和 CO_2，在腌制初期比较活跃，也是发酵初期的主要菌，使初期发酵产生大量气泡，但随 pH 下降和盐浓度的升高，很快停止活动。

④ 酵母菌可将葡萄糖分解成酒精和 CO_2，对腌制品在后期发生酯化反应生成芳香化合物是很重要的。

⑤ 醋酸菌可利用酒精和 O_2 生成极少量的醋酸，醋酸对腌制品品质有利，但过多会影响品质，所以要避免大量产生。藠头腌制主要靠原料池表面的腌制液来隔离空气，防止大量酒精氧化成醋酸。

腌制发酵初期，耐酸性强及中、弱的微生物均能进行活动。随着发酵的进行，产酸量逐渐升高，pH 下降，一些耐酸性弱的微生物相应受到抑制，主要进

入乳酸发酵。pH 3.0以下，乳酸含量在1.0%以上时，乳酸发酵停止，酵母和霉菌尚能生存，但酵母发酵很慢，霉菌在池中缺氧情况下也无法活动，加工时不希望出现此种情况。同时，食盐浓度不同，能耐受的微生物种类和多少就不同，发酵速度也不同。

2. 食盐浓度

食盐是腌制过程中起决定作用的因素，对微生物有抑制作用，可起到延长腌制品保藏期的作用。由于各种微生物对于食盐浓度的耐受力各不相同（表4-12），可以利用适当浓度的食盐溶液来抑制腌制过程中有害微生物的活动。但在决定腌制蕌头食盐溶液的浓度时，必须考虑其他成分的作用。实际上，腌制过程中产生的乳酸、醋酸、乙醇以及加入的一些调味品、香辛料都具有抑制微生物活动的作用，以酸最为重要。酸性条件能增强食盐的防腐力和对微生物的抑制作用，可通过增酸来降低食盐含量，盐和酸可相互弥补，共同在腌制品中起保藏作用。

表4-12　pH 7时微生物能耐受的最大食盐浓度

菌型	乳酸菌1"	乳酸菌2"	短乳杆菌	大肠杆菌	丁酸菌	霉菌	酵母菌
食盐浓度/%	13	12	8	6	8	20	25

生产上可采用分次加盐腌制法，保护蛋白酶活性，缩短渗透平衡时间和后熟期；同时使腌制初期发酵旺盛，迅速形成乳酸等，抑制有害微生物活动；减少高浓度食盐溶液使蕌头组织骤然脱水而造成的表面皱缩。由于蕌头腌制主要是依靠乳酸发酵，食盐浓度不宜超过10%，否则不易发酵；但也不能低于5%，否则不能抑制杂菌生长，一般以5%～7%较为适宜。为使产品保脆，腌制时可加入0.05%的钾明矾。

食盐加入适量，有利于乳酸发酵，并能抑制其他有害微生物的生长，经约40d腌制的蕌头，表面有光泽、呈芽白色，质脆、芳香，无生辣味，风味佳；若食盐浓度偏大，则会延缓乳酸发酵，造成发酵不充分或不发酵，影响质量，高浓度的盐卤渗透压高，会引起剧烈的渗透作用，使蕌头急速失去水分而造成皱皮和紧缩，既影响外观，也影响风味；食盐用量太少，则造成有害微生物大量繁殖，从而引起蕌头腐烂、霉变，导致整个腌制的失败。因此蕌头腌制过程中的用盐量必须适当掌握，才能制成品质良好的腌制品。

食盐在腌制品中还有调味和控制生化变化的作用。各类腌制品生化变化不同，要求的食盐浓度也不同，过淡、过咸对产品的风味及品质都有影响。泡酸蕌头要求发酵过程中产生较多的乳酸，用盐量较少，在0～6%；糖醋渍蕌头因加入糖醋，并采用杀菌方式保藏，制品含盐量1%～3%；盐渍蕌头通常需要较长期贮存，并进行缓慢发酵，用盐量较多，一般可达10%～14%，但盐渍蕌头发酵后的保存时间或用途不同，使用饱和或接近饱和的食盐溶液（15%～25%）来保存；酱渍榨头含盐量8%～14%。一般腌制品中含盐量为10%时，可对大肠杆菌、丁酸菌、乳酸菌、腐败菌产生抑制作用。

食盐的质量对腌制榨头有重要的影响，其中食盐的杂质含量、含水量及食盐的受污染程度对腌制榨头质量的影响最为突出。在劣质食盐中，除氯化钠之外，还含有大量的钙、镁、铁离子等杂质，而这些物质均对产品有不良影响。如存在氯化钙、氯化镁或其含量高，会导致榨头有苦味，使产品的质地变得粗硬，还会降低氯化钠的溶解度而影响食盐向榨头内渗透的速度。而铁离子则会与香料或榨头原料作用而形成褐变，使产品色泽加深。因此榨头腌制要求应尽可能选用纯度较高的食盐，使用二等以上海盐，目的是促使渗透快、防腐保鲜。

3. pH值

不同微生物能耐受的最低pH值是不同的（表4-13），大肠杆菌、腐败菌和丁酸菌的耐酸能力均较差；耐酸力强的霉菌和酵母菌，因为它们都是好气微生物，只有在空气充足的条件下才能发育，在缺氧条件下则难以繁殖；乳酸菌的耐酸能力较强，在pH为3的环境中仍可生长。为了抑制有害微生物活动，造成发酵的有利条件，在腌制初期可采用提高酸度的方法。榨头低盐量腌制发酵尤其要注意控制pH值，前期要尽量使乳酸菌迅速生长繁殖，要努力创造各种有利条件，榨头下池10d之内让乳酸菌发酵产酸，pH值下降到4.0以上，这样腐败菌、大肠杆菌、丁酸菌都不能生长，而乳酸菌、酵母菌、霉菌都能生长繁殖，但后两者都是好气性微生物，在厌氧条件（大池腌制主要靠原料上面腌制液-盐水来隔离氧气）下生长不佳。一般加工原料的乳酸含量在0.6%左右，即pH 4.0～4.4，风味最佳，而且原料也最好保存，否则原料易软化和变色（褐色）。因此，控制好pH值是保证乳酸菌安全发酵的重要条件。

表4-13 微生物能耐受的最低pH值

菌型	霉菌	酵母菌	乳酸菌	丁酸菌	腐败菌	大肠杆菌
pH	1.2～3.0	2.5～3.0	3.0～4.0	4.5	4.4～5.0	5.2～5.5

由于食盐和pH值在腌制中起很大的保藏作用，泡榨头及甜酸榨头为低盐高酸制品，咸榨头、酱榨头为高盐低酸制品。在低盐高酸的条件下，以高酸弥补低盐的不足；而在高盐低酸条件下，以高盐来弥补低酸的不足。目前在榨头腌制加工过程中，生产厂家一般会使用大量的冰醋酸。冰醋酸对榨头的风味有一定影响，容易产生生硬的酸味，使榨头失去了天然发酵的柔和风味。另外冰醋酸的质量若不过关，会含有过多重金属杂质，容易引起榨头褐变，降低产品品质，不利于销售和出口。

4. 温度

藠头腌制过程中食盐的渗透、微生物的发酵、蛋白质的分解以及其他的生物和生物化学变化都与温度有关。为了使藠头腌制成功，必须考虑温度的因素，乳酸发酵的适宜温度为20～32℃，在此范围内发酵快，在10～43℃范围内，乳酸菌可生长繁殖。腌制过程中，为了控制高温下有害微生物（丁酸菌最适生长温度35℃，醋酸菌为30℃）的活动，既有利用于乳酸发酵，又能保证腌制品的质量，温度最好控制在15～22℃。为此，腌制初期温度一般不宜过高（30℃或30℃以上），主要是为了避免丁酸菌发酵而带来不良风味。腌制池的选址、池的深度、容量以及发酵房的搭建都要考虑到温度均衡适宜，并要求藠头原料适时收获、及时腌制，才能使藠头原料质地脆嫩、色泽均匀。

5. 厌氧条件

在藠头腌制过程中，乳酸菌的发酵需要嫌气的条件才能正常进行，而有害微生物酵母菌和霉菌均为好气性微生物。这种嫌气条件对于抑制好气性腐败菌的活动是有利的，也可防止原料中维生素C的氧化。酒精发酵以及藠头本身的呼吸作用会产生二氧化碳，造成有利于腌制的嫌气环境。所以，藠头腌制时必须盖严重压：干腌要装满压实密封，湿腌以藠头浸没在盐水中20cm以下为好，尽量减少空气，形成缺氧环境，有利于乳酸发酵。否则，易产生有害发酵，同时给腐败菌、有害酵母和霉菌可乘之机，使部分表层的藠头腐烂，影响藠头质量和原料利用率。

6. 原料选择及营养条件

（1）原料选择　为了提高腌制品的质量，在藠头腌制前必须对原料品种与新鲜度进行选择。藠头须当天采收当天腌制，可避免腌制品“去心”或“软化”现象。用统一规格的筛子，按具体要求进行分级，层多则耐腌、肉脆则爽口、色白则无污染。藠头主要有三个品种：一种细小的米藠；一种较大的木藠；一种头大如拇指的南藠。若作净菜用，前两种较好，味香而纤维较细，后者制作糖醋渍藠头较佳。质地洁白、外观整齐、茎轴短圆整、大小适中（单粒重5g左右）的半成品或成品最为俏销且售价高。

（2）营养条件　在藠头腌渍过程中，乳酸菌的繁殖和乳酸发酵，都需要以营养条件为物质基础。腌制时，利用食盐和藠头相互渗透的原理，使盐分渗入藠头组织细胞内，而藠头内的糖分和营养物质（藠头汁）渗出，为乳酸菌的活动提供了充足的营养。所以，腌渍时一般不用再补充养分，但新泡菜的腌制一般适量加入2%～3%的糖，可促进发酵作用的顺利进行。

7. 腌制容器、压力与方法

（1）腌制容器　合理的腌制容器可使藠头在腌制时乳酸发酵良好，保证加工成品的质量。容器材料要求无毒、无臭、化学稳定性好、耐盐、酸腐蚀、无渗漏。一般选用陶瓷缸及水泥池等。

① 陶瓷缸　陶瓷缸一般为上粗下细的圆锥形，陶瓷缸的容量虽比水泥池小，不能供大规模加工之用，但特点是可以搬移，少量腌制藠头操作和管理较方便，特别是自产自销的工厂更适宜使用。陶瓷缸不仅卫生，而且不易腐蚀。较高档且量不大的酱渍藠头用陶瓷缸生产更为合适。现在多数厂家用轻便价廉的塑料缸替代易破损的陶瓷缸进行藠坯复渍。

② 水泥池　水泥池使用较普遍，腌制用水泥池一般为埋于地下2.5～3.5m深的长方形池，有的在池子表面嵌贴上耐酸碱的白色瓷砖。这样的地下腌制池池内温度不易受大气温度的影响而保持稳定。藠头腌制时，食盐溶解会吸热，使池中温度下降，当乳酸发酵到一定酸度即1.2%～1.4%时，乳酸菌受到抑制，不再繁殖生长，乳酸发酵停止，此时，若池内维持在25℃左右，腐败菌便不易生长。据试验，虽然在夏季气温达35℃左右，地下腌制池内温度却仍在22～25℃，故在地下腌制池内发酵成熟的藠头能较长时间地保藏而不易变质，相应地延长了生产周期。此外腌制池相对于陶瓷缸来说，设备的占地面积小，生产场地的利用率高，压缸石用量少，且易于机械化操作。

藠头干腌法腌制时，腌制缸（或腌制池）容积宜大不宜小。缸（或池面）面积与其容积之比宜小不宜大，应小于2，腌制发酵才能良好，其原理可能是在此比值下，藠头所受的压强较大，且藠头在较大压强下，汁液易于渗出，利于乳酸发酵，此外，由于比值小，水分的蒸发量少，卤汁不易干涸。

特别注意：藠坯的高质量也取决于腌制池的无渗漏。无论是顺渗漏还是反渗漏都有害于发酵。因为顺渗漏，藠头脱离卤水的保护而被氧化，还有利于好气性菌的生长；在补加盐水中可能带进部分杂菌，影响正常发酵，制品质量无保障。反渗漏（向池内渗）比顺渗漏带来的危害更严重，因反渗往往渗入的是池下冷水，温度低，还可能带入腐败菌，造成整池的藠坯报废。

(2) 腌制压力　腌制压力来自压缸石与藠头本身的重力，在腌制过程中加压是为了保证藠头能浸没在盐水中，隔绝空气，避免腐败变质与腌制不均匀等。腌制的藠头是鳞茎带柄、蒂的，一般 $1m^3$ 容器中只能腌制0.6～0.65t藠头，显然，藠头之间的空隙很大，空气量很多。为了造成缺氧环境，腌制时必须将藠头间隙中的空气挤出。由于藠头在卤汁中会上浮，因此压缸石必须要达到一定的重量才行。干腌法腌制池发酵工艺优良，其原因可能在于：其一，利用藠头本身及压缸石的重压，使腌制池中下部藠头间隙中的空气大部分被压出，造成良好的缺氧发酵环境；其二，藠头在重压下组织内汁液易于外渗，快速产生卤汁，当藠头被卤汁包裹后，食盐能更快渗入藠头组织内部，为乳酸菌造成良好的生长繁殖环境。经试验证明，影响腌制的压力因素主要是压缸石与藠头本身的重力，容器越大，需要压力越大，腌制时才能正常发酵。一般腌制池每千克藠头需0.08kg的压缸石，这一点在实际生产中意义很大，不仅可以节省大量的劳动力，又能降低生产成本。

（3）腌制方法　腌制方法有干腌法、湿腌法、自然发酵法、人工发酵法等。方法不同，腌制发酵速度也不同，腌制品质量也有差异。例如采用多菌种接种低盐发酵对藠头进行腌制，可以缩短发酵时间，降低食盐用量，省略脱盐工艺，降低成本，且生产的藠头具有风味纯正、香味浓郁、口感松脆、氨基酸态氮含量高等特点。

8. 卫生条件及用水质量

腌制藠头的卫生条件和腌制用水质量等也对腌制过程和腌制品品质有影响。在腌制过程中，由于发酵池、压缸石、垫子消毒不到位，发酵池周边环境卫生条件和水质差等，很容易引起有害微生物的生长，造成腌制过程中藠头表面生长白膜。这种白膜酵母会大量消耗藠头组织内的有机物质，同时还会分解正常发酵过程中产生的乳酸和乙醇，大大降低腌制藠头的品质和风味，情况严重时还会引起藠头的败坏。卫生条件不达标还容易产生另外一种有害微生物，即腐败菌，它的大量繁殖会产生吲哚、甲基吲哚、硫醇、硫化氢等有机物，并产生臭气，生成一些有毒物质，严重影响腌制藠头的品质。

从上述影响因素看，食盐浓度、pH值、厌氧条件及温度是生产中的主要因素。必须科学地控制上述各因素，促进优变，防止劣变，才能腌制成优质的产品。生产实践经验表明，腌制池不渗漏是腌制出高质量藠坯的关键；控制好发酵条件是腌制成功的根本；原料新鲜、成熟度适中是腌制取胜的前提；加强科学管理是腌制出好坯的保障。

二、藠头腌制品加工常见质量问题与控制

1. 绿（青）藠头盐坯退绿处理

（1）原理　由于藠头受光照作用和雨水冲洗，部分藠头的鳞茎暴露于空气中，变成绿色藠头。绿色藠头体内含叶绿素，与蛋白质结合成叶绿素蛋白复合物，由多种复合物再构成叶绿体，叶绿体细胞死之后，叶绿素变得游离、不稳定，在光、热和自身发酵产酸作用下发生分解，最后可变为白色藠头固有的颜色。但绿色藠头在腌制过程中叶绿素逐渐分解，特别是在酸性条件下容易生成脱镁叶绿素，使藠头颜色暗淡，变成黄绿色或灰绿色，甚至变为黄褐色，不符合感官要求。

（2）处理措施　将两切作业时分拣出的、经发酵处理过的灰绿色藠头放置于干净卫生的工作台上，在其表面放置聚乙烯薄膜，周围基本密封。在阳光或较高

温度下，使色素分解，变成正常色泽的蓟头。在处理过程中要适当浇水，温度低时少浇水，温度高时多浇水，同时进行翻晒。如发现大部分色泽已转变，要立即进行整理作业。如果仍有未变色的蓟头，再进行发酵等处理直至变白为止（只能作内销货处理）。

2. 腌制蓟头褐变与复白增白

蓟头质量标准中，最重要的是感官指标，而在感官指标中，最重要的又是色泽指标。出口盐渍蓟头要求具有优良的感官质量：色泽洁白，表面有光泽，整体色度好；层间组织紧密、硬脆；形状呈鼓形等。但按传统工艺腌制的盐渍蓟头或备周年生产时使用的半成品，一般会随着贮存时间的延长而产生褐变，色泽指标很难达到洁白、光泽好的标准，色泽普遍偏黄。盐渍蓟头在出口贸易中，经常因色泽偏黄而被压级压价，严重的甚至引起退货纠纷。如何进行褐变蓟坯的复白增白来提高成品的商品性及扩大销路，是蓟头生产厂家所面临的问题。

（1）腌制蓟头变色原因　蓟头腌制过程中的色泽变化主要是原料本身的褐变和吸附其他颜色形成的变色。褐变又分为酶促褐变和非酶褐变两种情况。

① 酶促褐变　酶促褐变是果蔬中的多酚类物质在多酚氧化酶（酚酶）及氧的作用下产生，3 个条件缺一不可。蓟头含有多种氨基酸，整个腌制过程中，始终保持一定的酪氨酸含量；除干腌法处理外，其余蓟头处理工艺均是将蓟头完全浸泡在不同浓度的盐液里，基本与外界氧气隔绝，腌渍液中只存在十分微弱的溶解氧；多数多酚氧化酶的最适 pH 范围在 6～7 之间，pH 在 3 以下时，酚酶几乎完全失活，蓟头腌制过程中，pH 值最高也不到 5.5，完全不在酚酶适宜范围内，且在盐水中，高浓度的电解质，酶可能失活，而过氧化物酶有一定活性，但因蓟头腌制过程中不产生过氧化氢，过氧化物酶不能起作用。因此，在蓟头腌制过程中，酶促褐变在蓟头色泽变化中所起的作用可忽略。

② 非酶褐变　非酶褐变是不需经酶的催化而产生的褐变现象，主要有焦糖化反应、美拉德反应、抗坏血酸裂解等引起的褐变。

a. 焦糖化反应是指糖类物质在没有氨基化合物存在的情况下，加热到其熔点以上而使加工品褐变的现象。这种反应在蓟头腌制过程中不可能出现。

b. 抗坏血酸（维生素 C）裂解也会使制品发生褐变，这种褐变的发生与 pH 关系很大，pH＝4 时，维生素 C 无氧裂解速率最快。蓟头含维生素 C 比较丰富，蓟头腌制过程在厌氧环境下，分次加盐的处理（pH 值在 4 左右），比使用高盐浓度的处理（如湿腌法等，pH 值大于 5），维生素 C 保存率高、色泽指标好。由此推断在蓟头腌制过程中，维生素 C 裂解褐变不是蓟头变色的主要因素。

c. 美拉德反应是还原糖类与氨基化合物进行反应而发生褐变现象。美拉德反应的最适条件是：较高的温度，中性或微碱性，具有中等水分活度（最适 A_w

0.7～0.9）和充足的反应底物。在蕌头腌制过程中，糖分的消失主要用于发酵，总糖中的多糖在酶催化下不断水解成还原糖，底物还原糖含量始终保持在一定水平；蕌头腌制时期正是一年中的高温期（6月～7月底）；传统工艺腌制蕌头，pH值在5～6；在25℃温度条件下，采用不同盐浓度腌制，Aw在0.8～0.98之间，特别是高盐浓度腌制蕌头，水分活度等条件比较适于美拉德反应的发生。此外，铜与铁能促进美拉德褐变；氨基酸既是非酶褐变反应的反应物，也是非酶褐变反应的催化剂。因此，在蕌头腌制过程中，发生美拉德反应而使腌制蕌头色泽逐渐加深的可能性最大。而以低盐乳酸发酵，降低pH值来护色效果是最好的，同时注意低温避光贮藏，用蔗糖作甜味剂而不宜用还原糖类等。

③ 色素物质引起变色　青蕌头组织中的叶绿素在腌制过程中会逐渐分解，特别是在酸性条件下容易生成脱镁叶绿素，使蕌头颜色暗淡，变成黄绿色或灰绿色，甚至变为黄褐色。加工时应选择用不含叶绿素的白色蕌头，避免色素引起的褐变。如在两切时选出的灰绿色蕌头，可采用绿色蕌头盐坯处理技术进行复白。

④ 金属引起变色　泥土、铁质或铜质器皿的使用都会加剧蕌头色泽的变深，导致褐变，而且不易复白。所以蕌头在腌制之前，需用冷水清洗干净；腌制容器应无毒、无臭、耐盐、化学稳定性好，最好使用陶瓷、玻璃、不锈钢或环氧树脂涂层等材料进行加工生产，避免使用铁、锡、铝、铜类金属质容器和工具。

⑤ 微生物引起的腐败变质变色　细菌、酵母菌、霉菌等微生物广泛存在于空气、水、土壤中，附着在蕌头原料表面和加工用具中，存在于工作人员的身上及加工机械上，危害极大，机械损伤是造成加工品腐败和变色的又一重要因素。创造不利于微生物生长的环境，如通过密封杀菌等措施，控制由微生物引起的褐变。

综上，在加工生产中，要采取综合的措施，仔细操作，才能有效地控制褐变，生产出高质量的腌制品。

（2）腌制蕌头复白增白技术　蕌头的色泽直接影响其感官质量，可通过选择腌制工艺改善腌制蕌头的色泽。实验表明，根据蕌头盐渍时处理方法的不同，盐渍蕌头光泽度由大到小排序为：5%盐腌＞分次加盐＞外部加酸（pH 3.0）＞纯净水＞碘盐＞0.1%$NaHSO_3$处理＞湿腌（22～24°Be）＞干腌（盐量为原料的18%）＞烫漂处理＞0.1%氯化铁和氯化铜处理＞干腌（青皮）；变黄度由小到大排序为：5%盐腌＜0.1%$NaHSO_3$处理＜纯净水＜分次加盐＜烫漂处理＜碘盐＜外部加酸（pH3.0）＜湿腌＜干腌＜干腌（青皮）＜0.1%氯化铁和氯化铜处理。高温烫漂处理的蕌头，腌制后色泽、硬度均差，并且失去蕌头固有的芳香味，呈煮熟味；亚硫酸盐对盐渍蕌头的护色作用不理想；氯化铁和氯化铜处理对非酶褐变有极显著的催化作用；湿腌法腌制的蕌头色泽和光泽度好于干腌法；低盐充分乳酸发酵可大大改善盐渍蕌头的色泽和光泽度，但脆度较差；分次加盐法腌制既能有效地提高色泽和光泽，同时又能保持较好的硬脆性。通过综合比较正交试验，采取8%食盐浓度，添加0.01%钾明矾，发酵14d后添加食盐至饱和浓度（25%），腌制出的盐渍藠头色泽洁白，表面有光泽，整体色度好，层间组织紧密、硬脆，营养物质保存较好，基本解决了盐渍藠头色泽偏黄的问题。

藠头在脱盐的过程中色泽虽有所变白，如还达不到感官质量的要求，需进一步复白。有研究者采用不同种类漂白剂、酸味剂对盐渍藠头进行了系统的复白增白试验，结果发现0.02%焦亚硫酸钠和2.0%冰醋酸处理的效果最佳。由于国际上对含硫化合物的限制，焦亚硫酸钠护色应用减少，常用冰醋酸，且在光线强、温度高、藠头脱盐后色泽改善效果更理想。但当冰醋酸浓度达到2.0%以上时，会加速藠头的质地软化，使其失去脆度。藠头腌制后用2.0%以下的冰醋酸对藠头进行复白增白处理后，加2.0%～5.0%的食盐，可使藠头原有的脆度得到保持。

要使藠头腌坯保持天然白色，增加光泽度，还须注意以下问题：

① 海盐纯度要高，洁白、不带杂色，否则在腌制过程中，由于卤水浓度增大藠头呈缺氧状态，菜体细胞缺少正常氧的供应，会不同程度发生窒息作用而失去生命活性。死亡的细胞原生质膜受到破坏，半透性膜的性质消失而变成透性膜，菜体细胞就吸附了食盐中的色素和带色小颗粒而改变其天然白色。

② 对藠头原料及压池的竹篾折子、石头要洗干净，新筑的水泥腌渍池要经一段时间浸泡与洗净，否则都会因吸附作用使腌坯染上杂色。

③ 腌制池如果渗漏卤水，失去卤水的保护作用，藠头暴露于空气中，一则藠坯因氧化而变色，二则渗漏后又补充新的盐水就有可能带进有害微生物，加上空气中飘落的有害微生物，这样又可能造成微生物腐败变色，甚至造成整池藠头软烂。

④ 腌制使用钾明矾除能维持菜体细胞膨压、保脆外，还因为钾明矾可沉淀大部分或全部带色微粒，使藠头不会因吸附其他颜色而变色。

3. 腌制藠头组织软化与保脆

质地脆嫩是腌制藠头的一项重要指标，脆性的变化受藠头组织细胞膨压变化和细胞壁原果胶水解的影响。

（1）腌制藠头组织变软原因

① 腌制池渗漏，藠头暴露于空气之中，导致组织直接被氧化，或者因有害微生物如霉菌的生长繁殖所分泌的果胶酶类分解果胶物质，使藠体变软，失去脆度。

② 采挖过早，藠头组织嫩而不饱满坚实。

③ 藠头收购后腌制不及时，堆放中产生的呼吸热不能及时排出烧坏，导致

微生物的侵染，使藠头组织变软、败坏。

④ 由于受机械损伤，原果胶被酶水解，以致藠头在腌制前就变软了。

⑤ 藠头腌制过程中由于失水萎缩致使细胞膨压降低，脆度变差。

⑥ 低盐充分乳酸发酵腌制藠头，色泽、光泽度十分好，抗坏血酸保存率高，但硬脆性差。同样外部加酸处理腌制藠头硬脆性也较差。

实验表明，根据藠头盐渍时处理方法的不同，盐渍藠头硬脆性由高到低排序为：干腌＞分次加盐＞0.1%$NaHSO_3$ 处理＞湿腌＞0.1%氯化铁和氯化铜处理＞纯净水＞碘盐＞5%盐腌＞外部加酸（pH 3.0）＞烫漂处理。对盐渍藠头硬脆性影响较大的因素依次是：烫漂、外加 HCl 调酸度、5%盐渍、碘盐、纯净水、氯化铁和氯化铜处理的影响。故在实际生产中可采用分次加盐处理使前期乳酸发酵充分，再通过提高盐浓度来抑制乳酸发酵以保持腌制藠头的硬脆性。

（2）保脆措施　针对藠坯组织变软的原因，可以采取下列保脆措施：

① 适时采收，及时加工　掌握藠头成熟期，适时采挖，及时运输，使其不受损伤，及时下池腌制加工。

② 抑制微生物的活动，防止微生物对腌制藠头脆性的破坏　藠头腌制时应严格控制腌制发酵的条件，如食盐浓度不能过低、pH 值不能过大、温度不能过高等，抑制有害微生物的活动，使之不产生或少产生果胶酶类，保持制品较好的脆性。

③ 保脆剂处理　在腌制的过程中加入适量的氯化钙、碳酸钙或明矾等保脆剂，可使腌制品具有良好的脆性。用量约为菜重的 0.05%，用量过多反会使制品带有苦涩味，且组织过度硬化，粗糙感加重。一般藠头腌制满池盖封池盐时，每 50kg 封池盐拌放 100g 明矾，明矾捣碎后与盐拌匀。明矾中的铝、食盐中的钙盐以及藠头本身含的钙（每 50kg 藠头含钙 282mg）都能与果胶酶作用生成果胶酸盐，具有凝胶性质，在细胞间隙中起到相互黏结的作用，保持细胞的膨压使藠头组织不致变软而保持脆性。

此外，控制乳酸菌发酵时间、分次加盐和高盐保存等操作也具有保持藠头脆性的作用。

4. 腌制藠头败坏与保存

在腌制过程中，由于采用的原料不好，加工方法不当，或是腌制条件不良等原因，使制品遭受有害微生物的污染，导致腌制品质量下降，甚至出现败坏。腌制品的败坏一般表现为外观不良、变色、发黏、变质、变味、长霉、软化等。为减少或避免藠头腌制品败坏的发生，应该了解腌制品败坏的原因，并针对败坏的原因采取适当的防控措施，以达到较长时间保存、延长成品的货架期、提高其商品价值的目的。

（1）腌制藠头败坏的原因

① 物理性败坏　造成腌制品败坏的物理因素主要是光照和温度。在加工或贮藏期间如果经常受日光的照射，会促进藠头腌制半成品或成品中生物化学作用的进行，造成营养成分的分解，引起变色、变味和维生素 C 的氧化破坏。温度过高会引起各种生物化学变化、水分蒸发、增加挥发性风味物质的损失，使制品的成分、重量和外观、风味都发生变化。高温还有利于微生物生长繁殖，以致使发酵过快甚至造成腐败，这些因素都会增加对腌制品的危害。过度的低温，也可使制品的品质发生变化。

微生物是影响腌制藠头败坏最重要的因素，但微生物一般都有其适合生长的物理条件，可通过控制食盐浓度、pH 值、温度、需氧状况等物理因素达到抑制微生物生长繁殖的目的。

② 化学性败坏　各种化学变化如氧化、还原、分解、化合等都可以使腌制品发生不同程度的败坏。腌制品在加工和保存期间，长时间暴露在空气中与氧接触或与铁质容器和用具接触，都会发生或促进其氧化变色；绿色藠头腌制时，或在酸性条件下，以及酶促褐变、非酶褐变等化学变化引起腌制品的变色；温度过高引起蛋白质分解生成硫化氢等生物化学变化，都会使腌制品发生变质、变色。

③ 生物性败坏　有害微生物的活动是引起藠头腌制品败坏变质的主要原因。在藠头腌制加工或保存过程中常常表现出一些不良的现象，如长膜、变味发臭、生霉腐烂等，使制品品质降低，甚至败坏，这些都是有害微生物活动所致。

a. 长膜：有害酵母菌作用　藠头腌制过程中，在盐液表面或暴露于空气中的腌制品表面，出现一层灰白色有皱纹的薄膜，这是由一种产膜酵母所形成的菌膜。产膜酵母菌是好气菌，生长繁殖时，不仅会大量消耗制品中的营养物质，同时还会分解腌制过程中所生成的乳酸与乙醇，降低腌制品的品质和耐藏性，并可引起其他腐败菌的滋生，使制品发黏、变软而败坏。酒花酵母菌则会引起“生花”现象，在浸渍液表面形成乳白色光滑的膜。以上现象可通过将藠坯浸在盐水下密封隔氧来避免。

b. 变味发臭

腐败细菌作用：藠头腌制过程中腐败现象的发生，是由于腐败菌分解藠头组织中的蛋白质及其他含氮物质，生成吲哚、甲基吲哚、硫化氢和胺等，产生恶臭味，有时还会生成有毒物质，最后导致藠体变软甚至腐烂、不能食用。腐败菌多为嫌气性菌。加工时应注意用新鲜、清洁的原料，腌制盛器和用具要经过消毒，不与腐败物接触，还可利用较高酸度和较浓盐液来抑制其活动，避免腐败现象的发生。

丁酸菌作用：丁酸发酵就是丁酸菌在嫌气条件下将糖和乳酸发酵而产生丁酸。丁酸具有强烈的不愉快气味，没有防腐作用，还给腌制品带来不良风味。丁酸发酵也消耗了制品中的糖和乳酸，使制品丧失新鲜性而变臭，是一种有害的发酵作用。丁酸菌是一类专性嫌气性细菌，在缺氧和低酸条件下，生长旺盛，最适宜生长温度为35℃。在藠头腌制时要注意清洁卫生和利用较高的酸度、较浓的盐液和较低的温度来控制丁酸发酵。

c. 生霉腐烂：霉菌作用　藠头腌制过程中，在盐液表面或暴露在空气中的藠体上，长出各种颜色的“霉”，这些“霉”多为好气性霉菌（真菌）引起，其耐盐力很强，能分解糖和乳酸，使制品风味变劣，失去保藏性。同时霉菌还能分泌出可分解果胶物质的酶，使制品质地变软而失去脆性，甚至霉烂变质不能食用。以上现象可通过密封隔绝氧来控制。

（2）腌制藠头败坏的防控措施　引起腌制品败坏的原因是多种多样的，其中主要是有害微生物的活动。但是，各种因素之间的相互作用是非常复杂的，败坏往往是几个因素相互作用的结果。因此，防控腌制品败坏，应根据各种腌制品劣变的具体情况，合理地控制各种因素，采取综合措施，抑制和防止在腌制、贮存过程中有害微生物的危害。

① 减少有害微生物的污染源　由于发酵池、压缸石、垫子消毒不到位，发酵池周边环境卫生条件和水质差等，很容易引起有害微生物的生长，造成有害微生物污染。

a. 供腌制用的藠头应新鲜、无机械伤、无病虫害侵染，腌制前应充分洗净藠头表面附着的泥沙和污物。还可利用臭氧发生器在清水中混入臭氧，用含有臭氧的水来清洗藠头，可以起到预杀菌和预漂白的作用，有利于提高产品的品质。臭氧无毒无异味，而且极易分解挥发，在产品中不留痕迹，是真正的绿色漂白杀菌剂。

b. 腌制用的容器、工具，使用前应充分清洗干净并定期进行消毒，防灰、防虫，发酵池周边环境注意保持卫生，有条件可在室内布置频振式杀虫灯。采用防水、无毒、无臭涂料或环氧树脂材料涂抹发酵池内壁替代传统发酵池铺贴瓷砖的做法，可以更好地保持池内卫生，防止有害微生物的滋生及有害重金属的溶出。

c. 腌制用水的水质必须符合国家饮用水卫生标准。

② 控制环境因素，抑制有害微生物活动　藠头腌制加工、贮存过程中的环境条件，主要包括食盐浓度、酸度、光照、温度和气体成分等。各种微生物的生长繁殖都需要适宜的环境条件，改变其适宜的条件，则可抑制或破坏其生命活动。因此，在腌制过程中可以通过控制环境因素，抑制有害微生物的活动而减少制品的败坏。

a. 对于不耐酸、不耐盐的腐败菌、大肠杆菌等，可以利用较高的酸度和较浓的盐液加以控制。如盐渍藠头需较长时间保存，盐液浓度应达到18%以上，并使盐水面高出藠头，则可以防止腐败菌的侵害。

b. 对于一些既耐酸又耐盐的好气性霉菌和有害酵母菌，则可采用密封坛口或将藠头淹没在盐液面之下等隔绝氧气的措施，达到抑制这些微生物活动、防止污染的目的。

c. 对于较不耐酸、不耐盐，但喜高温、嫌气性的丁酸菌，主要是利用较高的酸度、较浓的盐液和较低的温度加以控制。如泡藠头的腌制，其乳酸发酵最适温度为 25～30℃，而丁酸菌适宜发育的温度为 35℃左右。为了抑制丁酸菌及其他腐败菌的活动和繁殖，在生产中常把发酵温度保持在 15～22℃的条件下，可以使泡藠头发酵的质量稳定，色泽和风味良好。

③ 采用防腐剂和杀菌技术　在藠头腌制过程中，控制适宜的食盐浓度、酸度、温度和空气条件，可以抑制有害微生物的活动，但在某些情况下仍然有一定的局限性。所以在大规模生产中，常采用加入一些防腐剂的措施，以减少和防止制品的败坏。目前我国允许用于腌制品的防腐剂有苯甲酸钠、山梨酸钾和脱氢醋酸钠等。对于一些腌制品，还可以将其用玻璃瓶或复合薄膜包装袋密封包装后，采取相应的杀菌措施，抑制和杀灭有害微生物，使制品得以长期保存，不致败坏。

④ 加强质量控制监督体系建设

a. 生产企业的经营者和管理者要从源头抓起，采取配套措施，实行全程安全管理。

b. 管理部门要标本兼治，对加工原料和产品进行严格质量控制。

c. 质量标准、管理标准要与国际标准接轨，积极引进先进的生产工艺及设备。

（3）腌制藠头保存

① 保存原理　为了可以长期保存腌制藠头，主要应控制腌制藠头的保存条件，防止有害微生物的侵染及抑制其生长繁殖，同时隔绝空气，避免光照，以防止产品变色和维生素的损失。可利用以下原理防止腌制藠头败坏。

a. 利用食盐、糖和酒精的渗透压保存　腌制藠头就是利用食盐、糖、酒精等具有较高的渗透压，可极大地抑制腐败微生物的生长繁殖，达到保鲜保存的目的，同时还可以增加产品的风味。注意提高食盐浓度可增加渗透压使其防腐能力增强，而过高的食盐浓度会抑制乳酸发酵，并可使制品味感苦咸无法食用。

b. 利用酸保存　现在减盐增酸已成为腌制藠头发展的趋势。在腌制藠头中常添加的有机酸有冰醋酸、乳酸、柠檬酸等。酸味料能降低腌制液的 pH 值，抑制微生物的生长繁殖，对腌制藠头贮存极为有利。

在藠头腌制过程中的有害微生物，除了霉菌的抗酸能力较强以外，其他几类微生物的抗酸能力都不如乳酸菌和酵母菌。因此，当腌渍液的 pH 值在 4.5 以下时能够抑制许多有害微生物的活动。对于发酵性腌制品，为了创造有利于发酵作用进行的条件，抑制有害微生物的活动，需要在腌制初期迅速提高腌渍环境的酸度，如采取适当提高发酵初期的温度或分批加盐的方法，均可促进乳酸的迅速生成。对于非发酵性腌制品，则可采用人为添加有机酸的方法来提高制品的酸度。如糖醋渍制品，主要是利用食醋降低制品的 pH 值，以达长期保存的目的。

c. 利用微生物保存　在腌制藠头的加工贮存过程中，可用有益微生物的发酵作用来抑制有害微生物的生长繁殖。如乳酸菌和有益酵母菌对其他有害微生物有拮抗作用。

d. 利用植物抗生素保存　酱腌泡菜加工时，常常加入一些香料和调味品，如大蒜、生姜、醋、酱液等，它们不但起着调味作用，而且还具有不同程度的防腐能力。

e. 真空包装灭菌保存　良好的包装可以隔绝外界的有害影响，可保持腌制藠头的风味，延长其保质期。如将各种腌制品装入复合塑料薄膜袋、金属罐或玻璃瓶内，经过排气、密封、杀菌、冷却等工序，加工制成可较长时期保存的腌制品。

f. 低温保存　低温是防止腐败微生物生长繁殖、贮存食物最有效和最安全的方法之一。特别是低盐化盐渍藠头更离不开低温贮运和销售，温度以 4～10℃为宜，温度太低制品会结冰，反而会影响质量。

g. 加入防腐剂　虽然食盐和酸能够抑制某些微生物和酶的活动，但其作用是有限的，有些调味料如大蒜虽具有杀菌防腐能力，但因使用情况而有局限性。因此，为了弥补自然防腐的不足，在规模生产中常常加入一些防腐剂以减少制品的败坏。

食品防腐剂是一种能抑制微生物活动，防止食品腐败变质，从而延长食品的保质期，对人体无（少）危害或尚未发现危害、安全性高的化学物质。目前，允许使用于腌制品并有国家标准的防腐剂有苯甲酸及其钠盐和山梨酸及其钾盐。

② 保存方式　根据腌制藠头败坏的原因和腌制藠头保存的原理，采用隔绝空气、维持低温和灭菌包装等技术来保存，可以保持其品质。为了保证腌制藠头长期不变质、便于贮存、便于运输、便于销售，通常采用瓶（罐）装、袋装、坛装和散装等方式来保存腌制藠头，由于各种腌制藠头的特性不同，采用的贮存方法亦不同。

a. 瓶（罐）装保存　瓶（罐）装藠头腌制品主要有玻璃瓶和马口铁罐两种包装形式。这种包装具有密封好、耐贮运、美观、卫生、方便、保质期长等优点。

对包装材料的要求：瓶（罐）形正常，瓶（罐）口圆整、光滑、无缺陷和裂纹；瓶（罐）壁厚薄均匀，无气泡、斑点和条痕；瓶（罐）底平整。

对包装工艺的要求：在灌注汤汁时应留有适当的顶隙，并使瓶（罐）内保持一定的真空度。装瓶（罐）时卤汁的温度最好保持在60～70℃，排气和杀菌在一个工艺流程中完成，排气条件为85℃、10min，真空度4.8MPa以上。

b.袋装保存　袋装腌制藠头一般是采用复合塑料薄膜袋小包装，这种包装形式具有运输、销售、携带方便，食用卫生，储存期长等特点。

对包装材料的要求：包装腌制藠头用的复合塑料薄膜袋有铝箔复合薄膜袋和透明复合薄膜袋、要求能热熔封口，可耐受高温杀菌，且有良好的阻隔性能，有时还要求有较好的避光性。

对包装工艺的要求：装袋时使袋内固形物含量不低于净含量的55%，控制内容物距袋口3～4cm，并保持生产环境和操作人员的清洁卫生，保持袋口处无污染，保持封口的严密性。真空封口后采用热力杀菌，放入80～100℃的热水或蒸汽中保持10～20min。然后应迅速进行冷却，以防长时间高温造成腌渍藠头质地失脆、色泽和风味变差、品质劣变及营养物质的损失。一般采用流动水冷却或分段冷却使温度降至38～40℃即可，以利用余热使附着在包装外表的水分蒸干。冷却后要用洁净的干毛巾逐袋擦净包装袋外部的水迹和污物，检出破损、漏汁和胀袋等不合格的残次品。

c.坛装保存　菜坛应两面上釉，以隔绝空气；坛口宜小，便于密封。包装时要装满、压实、密封。

d.散装保存　散装腌制藠头的容器通常是敞口的，一般需用重物压紧菜坯，使菜卤高出菜面10～15cm，平时应经常检查。在超市销售的散装腌制藠头，也应注意密封，以防进入细菌和灰尘，影响产品卫生，甚至引起腌制藠头腐败变质。散装腌制藠头由于密封性不佳，不宜长期放置。

③ 各类藠头腌制品的保存方法　藠头腌制品保存的方法，对于保持制品的鲜度、延长货架期和食用期起着重要的作用。不同种类的腌制品各有不同的保存方法。

a.盐渍藠头半成品保存　盐渍藠头只要制作方法得当，含盐量达到标准（浓度18%以上），就可以较长时间地保存。半成品一般是在藠头坯腌透以后，在原缸或原池中仍用木排、竹片、席片等盖住，用重石压紧，使盐卤高出藠头10cm左右，待加工时取出。但夏季气温较高，微生物活动猖獗，极易引起腐败，注意提高盐液浓度并控制温度在20～25℃。

b.糖醋渍藠头的保存　糖醋渍藠头是利用具有一定酸度的调味料的防腐作用进行保存的。因此，也应将藠头保存在汤料之中，并分装于玻璃瓶或复合薄膜袋内，采用密封杀菌的贮存方法。

c.泡藠头的保存　泡藠头是利用乳酸菌发酵的产物——乳酸进行防腐的。因此，应该把泡藠头保存在汤料里，并保证良好的封口，以形成嫌气条件，同时还要注意禁止使沾有油污和不清洁的工具、器具接触泡藠头和汤料。

d. 酱渍蒿头的保存　酱渍蒿头的糖分和蛋白质含量较高，在温度适宜的条件下，微生物的生长繁殖较快，极易败坏。因此，酱渍蒿头的保存常采用以下几种方法。

加工好的酱渍蒿头，可以一直埋在酱里，只要不取出，则可较长时期地保存；可采取随加工随销售或销售旺季多加工、淡季少加工的方法，防止酱渍蒿头成品变质；在酱渍蒿头制作时添加适量符合规定的防腐剂，可以延长保存期；采用密封杀菌的贮存方法，即将成品酱渍蒿头分装于玻璃瓶或复合薄膜袋内，采取相应的杀菌措施密封杀菌，可达到较长时间保存的目的。

5. 腌制蒿头污染来源与卫生管理

（1）腌制蒿头的污染来源

① 微生物的污染　在腌制品有关微生物污染的卫生标准中，主要以大肠菌群和致病菌为主要检测对象和控制指标，这些有害微生物的主要来源是制品的原辅料、生产用水以及生产环境。

② 有毒有害物质的污染　主要指重金属（如铅、砷、汞、镉）、农药残留、有害添加剂等非生物性污染。

a. 重金属污染　主要是废气、废水、废渣超过标准所造成的。另外生产中常用的缸、坛、盆等容器也会使腌制品受污染而对人体造成危害。

b. 农药残留污染　农药残留污染是造成蒿头原料不安全的重要因素。

c. 塑料器具　有些塑料虽然本身无毒，但生产中加入的增塑剂与稳定剂常常使塑料带毒。

d. 食品添加剂　主要有防腐剂、色素等，如超国家标准限定用量使用均可能产生毒害作用。

（2）腌制蒿头生产的卫生管理

① 厂房的卫生要求　厂址应选择地势较高，周围无“三废”污染源和有害微生物污染源（如传染病医院、大粪场、畜牧饲养场等）外，以保证工厂周围环境的清洁卫生。车间布局要合理，防止交叉污染，车间地面、墙裙应用易冲刷、不透水的材料建筑；应及时清理污物废水；还应设有必要的洗刷、消毒卫生设施，并做到防蝇、防尘、防鼠。

② 原辅料的卫生要求　原料在腌制之前要清洗干净，除净污泥、细菌和农药残留等污染物，对于不易消除污染的原料坚决废弃，不能使用。加工用水应符合饮水卫生标准，澄清透明，无悬浮物质，无臭、无味，静置无沉淀，不含重金属盐类，更不允许有任何致病菌及耐热细菌的存在。

③ 严格控制食品添加剂用量　在腌制品加工中使用的防腐剂、甜味剂和色素等必须按照国家标准严格控制使用的种类和使用量。

④ 生产工艺的改进　腌制品加工过程中卫生的状况，应从生产工艺上加以规范，逐步实现机械化代替手工操作，提高制品质量和卫生质量。如真空酱制工艺，将菜坯及酱汁置于密闭的容器中，采用真空的强制手段，把菜坯细胞间隙以及细胞中的气体抽走，不仅提高了渗酱速度，缩短了生产时间，而且由于腌制是在密闭的容器中进行，大大减少了有害菌的污染。

⑤ 生产工人的卫生管理　加工人员应做到勤洗手、勤剪指甲，穿戴整洁的工作服帽。

腌制品生产的卫生管理涉及生产和经营的各个环节。因此，要搞好腌制品的卫生，防止产品污染，就要严格按照国家食品卫生法律，建立产品卫生管理制度，加强检验和管理，组织好产品的生产加工和经营活动，防止不符合卫生质量的产品流入市场，以保障消费者的身体健康。

6. 藠头腌制品加工过程中亚硝酸盐的生成与防止措施

藠头传统发酵生产过程中会不可避免地产生亚硝酸盐。亚硝酸盐的抗菌性使其在食品保鲜中得以广泛地应用，同时亚硝酸盐还可以抑制口腔和胃肠道中多数有害细菌的生长。然而，过量的亚硝酸盐会减弱血红蛋白携带和释放氧气的能力，引起中毒，且其与胺合成的亚硝胺有致癌风险，因此存在危害人体健康的风险。所以，在腌制品生产中，必须将腌制品中的亚硝酸盐含量控制在国家限量标准内。

（1）腌制品中亚硝酸盐的生成原因　在腌制品生产时，如所用原料不好、加工方法不当、环境条件差等，腌菜中就会产生亚硝酸盐。

① 蔬菜在生长过程中吸收土壤中的氮素肥料，生成硝酸盐，在一些细菌还原酶的作用下，硝酸盐被还原成亚硝酸盐。

② 亚硝酸盐主要是在发酵过程中产生的，亚硝酸盐的产生时间和量与发酵条件有关，即腌制品亚硝酸盐含量与腌制方式、腌制时间、食盐浓度、温度状况、生物污染有关。在腌制初期，乳酸菌大量繁殖，有害细菌生长也相应加强，亚硝酸盐的含量上升。随着乳酸发酵的旺盛进行，酸度上升，有害细菌受到抑制，硝酸盐的还原作用减弱，生成的亚硝酸盐被进一步还原和被酸分解破坏，使亚硝酸盐含量逐渐下降。但条件控制不当，如非厌氧环境、杂菌污染、高温等条件下，则亚硝酸盐生成多。同时，一些细菌、霉菌可以使蔬菜中的蛋白质分解生成胺或氨，再与生物转化形成的亚硝酸结合生成亚硝胺。

（2）防止亚硝酸盐生成的措施　腌制品中亚硝酸盐的产生是多途径的，因而，根据其不同的发酵阶段，防止方法也有多种。一般而言，食盐浓度与加入的批次、发酵液酸度、环境温度、发酵所处的卫生条件和加入微生物 C 的量等对腌制品中亚硝酸盐的含量均有一定的影响。

① 选择新鲜成熟的原料并及时洗涤，适度晾干明水。发酵原料的质量与腌制品中亚硝酸盐的含量有直接关系，对原料必要的预处理就是消减亚硝酸盐的有效方法。如用含漂白粉的水浸泡处理原料，通过抑制硝酸还原酶的活性来降低腌制品中亚硝酸盐的含量。但乳酸菌的数量也有所下降，可通过加入菌种解决。

② 注意生产工具、容器以及环境的卫生，减少有害微生物的污染。

③ 腌制时用盐要适量　在腌制蕌头时，用盐太少会使亚硝酸盐含量增多，而且产生速度加快。为了减少亚硝酸盐的产生，用盐量最好在12%～15%，此时，大部分腐败细菌不能繁殖，产生的亚硝酸盐也就少。最低用盐量一般不能低于蕌头重量的10%（低盐腌制蕌头除外）。

④ 加盖密封，保持厌氧环境。因乳酸发酵属于厌氧发酵，在厌氧的环境下，乳酸发酵能正常进行，而有害细菌则受到抑制。在乳酸发酵过程中，由于不生成胺类，产生亚硝酸盐的可能性就很小，从而阻断了亚硝酸盐的形成。

⑤ 适当提高腌制温度　在腌制初期适当提高温度（以不超过20℃为宜），可以迅速形成较强的酸性环境，有利于抑制有害细菌的生长和促进部分亚硝酸盐分解。当发酵旺盛时，再将温度迅速降低至10℃左右。

⑥ 添加抗氧化剂　在腌制中或腌制品装袋之前，添加抗氧化剂D-异抗坏血酸钠，能有效阻止硝酸盐还原为亚硝酸盐，进而抑制亚硝酸盐的产生。维生素C等许多抗氧化剂不仅能抑制还原菌的催化氧化作用，而且能有效降低腌制液pH，进而起到促进乳酸菌活性、抑制有害杂菌生长的作用，达到降低亚硝酸盐含量的目的。在添加抗氧化剂的同时，注意添加一定量的柠檬酸或醋酸等酸性物质以调节pH，可发挥更好的作用。

⑦ 添加辅料　在自然发酵中添加钼酸钠或适量蒜汁、姜汁、糖等，均可降低其中亚硝酸盐的量。如蒜中的巯基化合物与亚硝酸盐经过酯化反应形成硫代亚硝酸盐酯，故而可使腌制品中亚硝酸盐的含量下降。

⑧ 接入菌种　腌制品中亚硝酸盐产生的直接原因是原料中所带杂菌的活动，这些杂菌大多为革兰氏阴性菌，在发酵的初始阶段，发酵液中含有大量的氧，这些氧使杂菌的活性增强，从而使腌制品中的硝酸盐被还原为亚硝酸盐。相对于杂菌，发酵的主要菌种乳酸菌不仅可以消耗亚硝酸盐，还可以抑制硝酸还原酶的活性，使得硝酸盐无法转化为亚硝酸盐。在发酵中接入乳酸菌或泡菜陈卤菌都能将亚硝酸盐控制在较低的水平。如将植物乳杆菌、肠膜明串珠菌以及短乳杆菌的混合菌接入发酵液中，不仅可以加快发酵速度，也可以使亚硝酸盐的产量减少。

⑨ 严格控制菜卤不生“花”　新鲜蕌头要洗净；腌蕌头不要露出液面；配料中加些香辛料、白酒等既可调味又可抑制有害微生物生长繁殖；取菜时应使用清洁的专用工具；一旦菜卤生霉，不要轻易打捞及搅动，以免下沉导致腌菜腐败，必要时及时更换新液；经常检查菜卤的酸碱度，如果发现菜卤的pH值上升或有

霉变现象，要迅速处理，不能再继续存储，否则，亚硝胺会迅速增长，以致藠头腐烂变质；腌制藠头用水的水质要符合国家卫生标准要求，含有亚硝酸盐的水绝对不能用来腌制藠头。

⑩要掌握好食用时间　在发酵过程开始阶段，亚硝酸盐含量的含量会呈上升趋势，随着时间的延续，亚硝酸盐的含量又呈下降趋势，在发酵的后期，亚硝酸盐的含量低且趋于稳定，最终达到最低值。不同温度、不同盐浓度对于亚硝酸盐含量的动态变化会产生影响，温度低、盐高则亚硝酸盐含量高峰出现晚，温度高、盐低则出现早。腌制时间最好要 30d，至少腌制 20d 再食用。食用腌菜时只要避开亚硝酸盐含量高峰，一般就比较安全。亚硝酸盐含量与蔬菜腌渍时含糖量呈负相关。

7. 废液排放与发酵液循环利用

（1）废液排放　藠头腌制后残液及漂洗后的废液通过排污沟直接排放或渗漏到耕地土壤中，会导致局部农田出现土壤盐渍化的倾向；排放到沟渠和河流中，会对水质造成不同程度的污染，导致水质下降，含盐量增加。为此，须在环保部门指导下做到科学选址、科学建设、科学治污，搞好废盐污水淡化处理和污水净化处理，实现农业可持续发展、保护环境的目标。

（2）发酵液循环利用　发酵液是半成品藠头发酵成熟后的剩余液体，具有浓郁的芳香物质和高盐度。如果直接排放，会使土地盐渍化，造成资源浪费和周边环境污染的后果。发酵液经过处理后，可以重复使用在藠头腌制或藠头产品加工中，因发酵液中含有乳酸菌，等同人工接种发酵一般，能加速藠头的发酵，既节约成本又有利于环境保护。

发酵液循环利用工艺流程为：陈发酵液→粗滤→抽滤→浓度、pH 值调节→加入新鲜藠头→在发酵池腌制。

由于使用的是陈发酵液，累积使用次数过多势必会引起砷、铅等重金属和亚硝酸盐的富集。根据熊慧薇等研究，陈发酵液在一定的循环次数内（一般为 3 次），成品藠头的各项检测指标均达到行业标准。成品藠头的砷、铅含量和亚硝酸盐含量远远低于酱腌菜卫生标准（GB 2714—2015）。微生物指标符合要求：大肠杆菌≤30 个/100g，沙门氏菌、志贺氏菌、金黄色葡萄球菌等致病菌未检出。

第五章

藠头干制品加工与质量安全控制

藠头干制品是以藠头为主要原料进行洗剔、清洗、切片、调理等预处理，采用自然风干、晒干、热风干燥、低温冷冻干燥、油炸脱水等工艺除去其所含大部分水分，添加或不添加辅料制成的产品，或以藠头干制品为原料经过混合、粉碎、调理等工序制成的产品。根据不同的加工方式可分为自然干制藠头、热风干燥藠头、冷冻干燥藠头、藠头脆片、藠头粉及制品。

第一节　藠头干制品加工基本工艺

藠头干制是将藠头中的水分降低到微生物不能繁殖和活动的限度，并使藠头本身所含酶的活性也受到抑制，从而使产品得以长期保存。

一、干制方法

1. 自然干制

自然干制是利用自然条件中的太阳辐射和干燥空气使藠头干燥。

（1）晒干　原料直接接受阳光曝晒而干燥。

（2）风干（晾干）　将原料放在通风良好的室内或棚内让风吹干。

2. 人工干制

人工干制是在人工控制的干燥条件下利用各种能源向物料提供热能，并造成气流流动环境，促使物料中的水分蒸发排出。其优点是不受气候限制，干燥速度快，产品质量高；缺点是设备投资大，消耗能源，成本高。生产上有时采用自然和人工干制相结合进行干制。

（1）热风干燥　热风干燥是采用合适的温度和热风来促进物料内部水分通过毛细管向外扩散达到干燥目的，具有投资少、成本低、操作简便、维修方便、经济效益好、应用范围广等特点。干制设备主要有隧道式烘干机、箱式烘干机、带式烘干机、链条式烘干机、滚筒式烘干机等。干燥设备要求要具有良好的加热装置及保温设备，以保证干制时所需的较高而均匀的温度；要有良好的通风设备，以及排除原料蒸发的水分；要有较好的卫生条件和劳动条件，以避免产生污染并便于操作管理。

（2）真空干燥与真空冷冻干燥

① 真空干燥是在真空状态下，水分的蒸发温度较常压下的蒸发温度低，整个干燥过程可以在较低的温度下进行，可使蔬菜免受高温的破坏。

② 真空冷冻干燥又称冷冻干燥、升华干燥、冻结干燥，简称为冻干（FD）。是将果蔬低温冻结到共晶点温度以下，使水分变成固态的冰，然后在适当的温度和真空状态下，使冰直接升华为水蒸气，再用真空系统的捕水器（水汽冷凝器）将水蒸气冷凝去掉，从而获得干燥制品的技术。真空冷冻干燥机主要由真空冷冻干燥箱、真空系统、制冷系统、加热系统及自动控制系统等几部分组成。

（3）辐射干燥　利用一些物质受热后可发射出电磁波的特性，需要干燥的物料吸收电磁波，使粒子运动加剧积聚能量，表现为温度的升高，从而使水分蒸发，达到干燥的目的。常用的方法有远红外干燥、微波干燥、超声波干燥和太阳能辐射干燥等。

（4）膨化干燥　果蔬原料经预干燥后，干燥至水分含量15%～25%（不同果蔬要求的水分含量不同），然后将果蔬置于压力罐内加热一定时间，再突然将容器的阀门打开，使果蔬内的水分骤然排出，形成膨化多孔组织；膨化后可进一步进行干燥处理，使成品的含水率降至4%～5%。

（5）真空油炸干燥　真空油炸是利用减压条件下，产品中水分汽化温度降低，能在短时间内迅速脱水，实现在低温条件下对产品的油炸脱水。热油脂作为产品的脱水供热介质，还能起到膨化及改进产品风味的作用。真空油炸的技术关键在于原料的前处理及油炸时真空度和温度的控制。原料前处理除常规的清洗、切分、护色外，对有些产品还需要进行渗糖和冷冻处理。

除了以上干燥方法之外，还有渗透干燥、过热蒸汽干燥、CO_2 干燥和交变温度干燥等方法。

二、藠头干制品加工工艺

合理的干制工艺流程，是加快干燥速度、提高干燥效果的保证之一。

原料选择→清洗→修整→漂烫→干燥→回软、复烘→包装与贮存。

1. 原料选择

用于干制加工的原料首先应考虑产品的特色、保藏价值、市场消费容量等，其次应选择适宜干制的原料——充实饱满、色泽良好、组织致密、肉质厚、干物质含量高、粗纤维素少、成熟度适宜的新鲜原料。再次应考虑原料的质量，原料优劣直接关系到产品质量的好坏和成本的高低。

（1）藠头要求　用于制作藠头干制品的原料，应是新鲜饱满、色泽良好一致、肉质厚、无机械伤的藠头鳞茎。质量按相应的无公害、绿色、有机产品藠头卫生标准规定执行，收购的藠头宜在 24h 之内加工完毕。

（2）藠头验收　原料品种应与生产要求相适应，质量应符合质量验收标准。藠头种植过程中可能存在生物性、化学性危害因素，包括化肥、农药的残留，生产基地重金属元素、病原微生物等可能的污染。对破藠头和烂藠头的数量要进行控制，其占比不得高于 10%。藠头供应地应提供藠头的农药残留和重金属的检测报告。藠头的其他指标应符合标准规定要求，对不符合要求的一律拒收，并填写纠偏措施记录。

2. 清洗

原料干制前，首先应剔除不宜干制的部分和废物，除去藠头表面附着的尘土、泥沙、残留农药、包装垫衬物等。应先将原料浸泡于水中，可用人工或机械清洗。清洗时可将藠头放入次氯酸钠溶液中浸泡 5～6min，再用流水冲洗，除去残留物。然后放在阴凉处晾干，不宜在阳光下暴晒。

3. 修整

根据原料的特点、干制要求和商品规格，需要对原料进行整理，原料清洗后需要进行两切，切根去尾，并去除腐烂、枯萎、有机械伤等不合格原料和夹带的杂质，同时按要求进行分级，便于后续漂烫和干燥工序时间与温度的控制，且干制品的质量也容易达到一致。然后再用水漂洗或淋洗，沥干表面水分。

藠头需要切分处理的如真空冷冻干燥，严格按工艺要求切分，做到切成的条、块、片、丝等形状均匀一致，以利于水分蒸发及后续工序的进行。同时注意剔除不合格品。藠头切分后，可采取相应措施进行护色处理。护色时使用的食品添加剂必须符合 GB 2760—2014 要求。

4. 漂烫

将原料放入温度较高的热水或蒸汽中热烫（蒸煮），能排除组织中的空气和破坏氧化酶的活性，以阻止氧化，避免变色和减少维生素 C 等营养物质的损失，减轻藠头的辛辣味，并使蛋白质受热凝固，增强细胞透性，使内部水分易于蒸发，同时还可杀灭附着在藠头表面的微生物和虫卵。

(1) 漂烫　漂烫时应制定漂烫操作规程，规定漂烫温度、时间、投料量，严格执行操作规程。将已切片的或未切的藠头，放入温度较高的热水或蒸汽中漂烫，漂烫水温宜在95～100℃之间，漂烫时间依藠头品种、形状大小而定，一般为2～10min。应注意防止漂烫过头，藠头溃烂不成形，也要注意漂烫不足等影响干燥速度和产品质量。

(2) 冷却　漂烫后必须立即用冷水浸漂，快速冷却至室温或室温以下，以防余热继续发生作用。

(3) 沥水　原料须沥水至表面干爽。可采用离心式或振动式机械沥水。

5. 干燥

藠头干制过程，包括装盘、干燥、通风排湿和倒换烘盘等操作工序。

(1) 装盘　处理好的藠头装盘要均匀，不可过厚，以免影响干燥效果，装载量根据干制设备的类型、结构以及管理技术掌握程度决定。

(2) 干燥　常采用热风干燥或真空冷冻干燥，干燥时制定干燥操作规程，严格按操作规程控制。

① 热风干燥　依据藠头大小确定干燥温度、时间、热风流速、终点判定方式。采用不同的升温方式和排湿方法。一般升温方式有以下3种：

a. 三段式升温　在整个干燥期间，烘房温度初期为低温，中期为高温，后期为低温直至烘烤结束的三段式烘烤。这种方式适合于可溶性固形物高或不切分的干制。

b. 两段式升温　在整个干燥期间，初期急剧升高烘房的温度，使之维持在70℃左右，然后根据干燥状态逐步降温至干燥结束。此法适合于可溶性固形物含量较低的，或切成薄片、细丝的干制。

c. 恒温式升温　在整个干燥期间内，温度始终维持在55～60℃的恒定水平，直至干燥临近结束时再逐步降温。这种升温方式适合于切分和不切分的干制。

② 真空冷冻干燥　依据藠头的品种确定冻结时间、冻结速度、冻结温度、干燥真空度、加热温度、干燥终点的判定方式。

(3) 通风排湿　在干制过程中由于水分大量蒸发，使得干燥室内相对湿度急剧升高，甚至可以达到饱和的程度。因此，应十分注意干燥室的通风排湿工作。否则会延长干制时间，降低干制品质量。

做好通风排湿工作，要根据干燥室内的湿度情况，结合不同干燥设备的特点，充分利用通风排湿设施。一般当干燥室内的相对湿度达到70%以上时，就应该打开烘房的进气窗和排气筒，进行通风排湿工作。通风排湿操作的时间要根据室内相对湿度和外界风力来决定。时间过短，排湿不够，影响干燥速度和产品质量；时间过长，会使室内温度下降过多，也影响干燥过程。

（4）倒换烘盘　在烘房对原料进行干燥时，应每隔一段时间调整一次烘盘，使较干的原料放下层，含水量较高的放在上层。待上层原料烘至接近干燥时，再移到下层继续干燥。

6. 回软、复烘

无论是自然干燥还是人工干燥的制品，包装前，还需要经过回软、分选和复烘处理。

（1）回软　回软又称均湿或水分平衡。产品干燥后，剔去过湿、过大、过小和结块的制品与碎屑，待其冷却后堆集起来或放于容器中，盖好。这样，过干的制品吸收尚未干透制品的水分，使制品的含水量均匀一致，质地也稍有回软。一般回软时间需1～3d。

（2）分选　干制品回软后，按有关产品标准或合同要求进行分级挑选。

（3）复烘　干制品回软并经分级之后，要将其置入烘房中再次烘烤，直至干燥程度达到要求为止。

7. 包装与贮存

（1）包装　干制品经过上述处理之后，即可包装。

① 包装容器应密封、防虫、防潮、无毒和无异味。常用的包装容器有纸箱、木箱、铁箱和聚乙烯塑料容器等。

② 包装方法有普通包装、真空包装和充气（氮、二氧化碳）包装。普通包装用双层聚乙烯袋或复合薄膜袋包装并热合封口。计量要准确，封口牢度高，并随时检查垫封温度，防止漏包。

③ 包装时应注意空气质量、人员健康、材料卫生，以及包装场所温湿度、包装时间等因素，其均与产品包装质量直接相关。如控制不当，有可能造成包装后产品的微生物数量超标。

（2）贮存　贮存干制品的库房要求干燥，通风良好，能封闭，且有遮阴、隔光和防鼠的设备。贮存温度以0～2℃为宜，不超过10～14℃；相对湿度以65%以下为宜。

三、干制品质量要求

1. 原料要求

应符合相关相应的食品安全国家标准。

2. 感官要求

应符合表5-1的规定。

表 5-1　感官要求

项目	要求	检验方法
色泽	具有该产品固有的色泽	色泽、形态、杂质、霉变以及复水性用目测法； 气味和滋味用嗅的方法
气味与滋味	具有原蔬菜的气味和滋味	
形态	片状干制品要求片型完整，片厚基本均匀； 块状干制品大小均匀，形状规则； 粉状产品粉体细腻，粒度均匀，无黏结	
复水性	95℃热水浸泡 2min 基本恢复脱水前的状态（粉状产品除外）	
杂质	无毛发、金属物等杂质	
霉变	无	

3. 理化指标

应符合表 5-2 的规定。

表 5-2　理化指标　　　　单位：g/100g

项目（水分）	指标
干制蔬菜	≤15.0
冷冻干燥脱水蔬菜	≤6.0
热风干燥及其他工艺脱水蔬菜	≤8.0
其他理化指标应符合相关产品国家标准的规定	

4. 污染物、农药残留、食品添加剂和真菌毒素限量

应符合相关食品安全国家标准及相关规定。

5. 微生物限量

应符合表 5-3 的规定。

表 5-3　微生物限量

项目	指标
菌落总数/（cfu/g）	≤100000
大肠菌群/（MPN/g）	≤3
霉菌和酵母菌/（cfu/g）	≤500

6. 包装、运输和贮存

（1）包装　包装应符合食品包装通用准则的规定。包装储运图示标志按照国家标准的规定执行。包装材料应坚固、无毒、无害、无污染，并能遮光、防潮。宜用塑料袋或复合薄膜袋、纸箱，箱外用封口纸或打包带。

（2）运输和贮存　运输工具应清洁、干燥、无污染；运输时应防雨、防潮、

防暴晒。贮存时应保持清洁、阴凉、干燥。

第二节　藠头干制品加工技术

根据藠头特性，可进行新鲜藠头干制和腌制藠头干制；产品形态有整颗、片状、粉状等形式，按市场需要采取不同工艺。

一、藠头菜脯加工

藠头菜脯是以藠头为原料，经过修整、浸泡、发酵、蒸煮、晾晒制作而成。

1. 原料及辅料

（1）原料　藠头要求无青皮、破损少，质地肥嫩，大小均匀。

（2）辅料

① 食盐　应符合 GB 2721—2015《食品安全国家标准　食用盐》的规定。

② 明矾　应符合 GB 2760—2014《食品安全国家标准　食品添加剂使用标准》的规定。

（3）配比　藠头 100kg，卤水 75kg。

2. 工艺流程

原料处理→（卤水）浸泡→蒸煮→过滤→熟藠头→晾晒→拌卤→晾晒→成品
过滤→卤汁→拌卤

3. 操作要点

（1）原料处理　藠头清除泥沙，剪去地上茎，保留 1cm，切下须根及茎盘。然后，除去黑皮及表皮。再将脱皮以后的藠头放在手筛中，用清水漂洗 3 次，将黏液及泥沙彻底洗净。

（2）浸泡　称取食盐 1.4kg、明矾 0.14kg，溶于 100kg 水中即为卤水。每 100kg 洗净的藠头，加入 75kg 卤水浸泡 7d，以藠头茎部朝下、根部朝上。

（3）蒸煮　先在铁锅底部放置两层竹篾（竹折），再将藠头及卤水一并入锅，煮至 100℃以后，改用小火煎煮，既能慢慢蒸发水分，又不会煮焦卤汁，至水分基本蒸干，捞出，沥卤。沥下的卤汁用纱布过滤，滤液备用。

（4）晾晒　蒸煮好的藠头摊在上下通风的竹匾（垫）上晾晒，越薄越好。每天上、下午各翻拌一次。3d 后，分 2～3 次将备用滤液拌入，继续晾晒，直至每 100kg 洗净藠头收得 25kg 藠头脯为止。

4. 产品特点

色泽深褐，有光泽；有果脯及藠头脯特有的香气；甜酸咸适度；质地柔软。

二、藠头菜干加工

1. 选料

选择成熟、个体完整、外表清洁、无虫蛀、无霉烂的藠头鳞茎，作为加工原料。

2. 处理

用刀将藠头鳞茎根部削平，裁去茎苗，拆开成单个的鳞茎，清除外衣和杂质。用清水将藠头冲洗干净，沥干水分。鳞茎小的放置日光下晒半天即可，鳞茎大的可剁碎，晒半干。

3. 蒸、晒

入甑蒸熟，蒸熟后迅速取出冷却。放置日光下晒至七至八成干，再放入甑内蒸熟后晒干。或者将藠头均匀并较薄地摊入烘盘烘烤，温度应控制在60～65℃左右，时间6～7h，烘至含水量在5%～6%即可。然后入坛压紧，不留空隙，密封坛口，30d即可食用。

4. 特点

香甜微酸，色泽和口味似葡萄干，形态似蜜枣。

5. 食用

常与回锅肉一起蒸菜食用。

三、小根蒜菜干加工

小根蒜资源丰富，多杂生于山坡、草地以及田间等地，常成片生长，形成优势小群，有着很高的食用与药用价值。除以成熟的地下鳞茎制成薤白供药用外，以未成熟时的全株食用受人欢迎。受季节影响，常把小根蒜脱水干制，可以保持周年供应，方便食用。

1. 工艺流程

选料及处理→整理、漂水→护色、沥水→干燥→包装。

2. 操作要点

（1）选料及处理　小根蒜一般在5月中旬开始逐渐抽薹，应在抽薹前及时采收，采收过早产量低，采收过晚会抽薹，质量差。应采用当天采收的鲜嫩、粗壮、无病虫危害的鲜嫩茎，洗净后待加工。

(2) 整理、漂水 剔除枯黄叶及粗皮，除去残茎、须根及杂质，用饮用水漂洗一次，沥水。

(3) 护色、沥水 由于植物中的叶绿素在干燥加工过程，会发生物理和化学性质的改变，从而改变物料的色泽。酶促或非酶褐变反应是促成干制物料褐变的原因。在干燥加工过程中，物料的受热温度常不足以破坏酶的活性，而相反热空气却有加速褐变的作用，使叶绿素失去 Mg^{2+} 而转化成脱镁叶绿素。为此，干燥前需进行酶的钝化处理，以防止变色。根据郭伟锋等研究，有护绿比无护绿、用 $ZnSO_4$ 比用 $CuSO_4$ 护绿效果好；常温护绿比短时沸水漂烫护绿更能使干制小根蒜保持绿色；在护绿液中添加 Na_2SO_3，由于其具有漂白作用，效果较差。最佳护绿方法为 500mg/kg $ZnSO_4$ 加 0.6%$CaCl_2$，常温护绿时间 24h，沥去水分或离心甩干。

(4) 干燥 烘房温度 60～65℃，时间 6～7h，制品含水量 5%。在干燥加工过程，45℃下干燥的小根蒜制品色泽与质地较好，小根蒜干燥加工过程主要由第一干燥阶段和降速干燥阶段组成。在第一干燥阶段进行湿热交换的水分是小根蒜全株中的游离水，水分子扩散快，干燥速率大；降速干燥阶段进行湿热交换的水分主要是近球形的地下鳞茎及近鳞茎部位的茎叶内胶体结合水，干燥速率小。

(5) 包装 成品含水量不超过 6%，可采用杀菌无毒塑料薄膜真空包装，一般每包定装 200g，再用纸箱装为好，便于销售及贮藏。一般包装冷藏保鲜期为 6 个月左右。

家庭自制首先将锅内放入饮用水烧开，放入 1%食盐煮沸（食盐主要是起保鲜保色作用），然后放入小根蒜煮 5min，到小根蒜煮软时捞出平摊在竹帘上晾晒，一般晴天晒 2d 左右即可晒干，然后包装、贮藏。

四、小根蒜干（薤白）加工

一般用小根蒜鳞茎除去须根，上屉蒸透或置沸水中烫透后晒干或烘干入药，称作薤白。薤白具有理气宽胸、通阳散结之功效，中医临床广泛用于治疗胸痹、心痛彻背等症，是我国传统中药材，药用历史悠久。国内众多医药企业以薤白为主要原料开发了许多中成药、新药和特药等新产品，年需求量在 1200t 左右。薤白及薤白干粉加工方法如下：

1. 小根蒜干（薤白）

一般加工原料为小根蒜成熟的地下鳞茎，加工方法如下：

(1) 工艺流程

方法一：原料采收→清洗→蒸透→干燥→包装→成品。

方法二：小根蒜→剔除枯黄茎叶→清洗→热烫→沥干→干燥→均湿→装袋→真空密封→成品。

(2) 操作要点

① 原料采收　制作薤白的小根蒜，在抽薹枯黄后，鳞茎成熟时期采挖。

② 原料整理　剔除枯黄叶及粗皮，除去残茎、须根及杂质，用清水洗净，切成所需要的尺寸。

③ 蒸透　小根蒜蒸透或置沸水中烫透，一般100℃加热20min。

④ 干燥

方法一：自然干燥　小根蒜干燥多采用常规晒干方式，或均匀平铺于托盘中，置于室温流动空气中进行阴干。自然干燥生产周期较长、易变质、受环境及天气影响较大、产品质量难控制，操作不好，可能导致药材劣变、药性改变、有效成分损失等问题。

方法二：真空干燥　将小根蒜的鳞茎在真空度0.1MPa，温度60℃下进行干燥，直至恒质量。

方法三：冷冻干燥　将小根蒜的鳞茎置于冻干机的干燥室内，－40℃中速冻6h，然后在真空度为0.1MPa、冷阱温度为－40℃左右、加热板温度60℃条件下进行冷冻干燥，直至恒质量。

方法四：鼓风干燥　将小根蒜的鳞茎均匀平铺于电热鼓风恒温干燥箱内，采用80℃鼓风温度、2.5m/s风速对小根蒜的鳞茎进行干燥，直至恒质量为止。

⑤ 包装　按大小、颜色分级包装。

⑥ 成品　置通风干燥处，防潮、防蛀。

(3) 产品标准　产品应呈浅褐色，椭圆或不规则圆形，质地松、脆、干，具有明显小根蒜气味。

(4) 关键控制点

① 不同采收期、不同漂烫方法　根据刘岱琳等对不同采收期、不同部位、不同加工方法下小根蒜生产薤白，测定薤白中腺苷含量的研究，以春季（即将抽薹前）和秋季（薹完全枯死）采挖小根蒜生产薤白较好，最好是在9月份，易采收；小根蒜漂烫以蒸法优于煮法，生产的薤白中水溶性腺苷损失少。

② 不同干燥方法　根据关峰等对小根蒜鳞茎采用鼓风干燥、真空干燥和阴干等干燥方法的研究，80℃鼓风干燥对薤白的有效成分影响较小，可作为规模化干燥小根蒜鳞茎生产薤白的方法。

2. 小根蒜干（薤白）粉

将小根蒜粉按一定比例添加到挂面、饼干中，不仅可增加产品的营养价值和保健疗效，还可以增加风味。

（1）工艺流程

方法一：原料采收→清洗→蒸→沥干→低温干燥→粉碎→过筛→包装→成品。

方法二：小根蒜→去杂→清洗→漂烫护色→冷水漂洗冷却→沥干→低温干燥→粉碎→过筛→小根蒜粉。

（2）操作要点

① 原料采收　在抽薹枯黄后，鳞茎成熟时期采挖。

② 原料整理　剔除枯黄叶及粗皮，除去残茎、须根及杂质，用清水洗净，切成所需要的尺寸。

③ 漂烫　将沥干水的小根蒜，上屉蒸至半熟或在95～98℃的热水中漂烫1～3min，然后迅速在冷水中清洗2～3遍，脱水、沥干。

④ 干燥　将沥干的小根蒜置于低温干燥设备中，温度在60℃以下恒温5～6h，至含水量低于6%。

⑤ 粉碎　用粉碎机粉碎成粉，再用80～100目筛网过筛，色泽带棕红色，薤香味浓郁。

⑥ 包装　按每袋100g装入复合包装袋中，用真空包装机进行包装，真空度为0.08MPa。

五、藠头真空冷冻干燥加工

真空冷冻干燥是一种能获得高品质产品的干燥技术，它能够克服普通干燥方法使产品收缩、变形、复水性差、有效成分损失较大等缺点，已在食品、医药、化工和生物领域得到广泛应用。根据麻成金等研究，藠头真空冷冻干燥加工工艺如下：

1. 工艺流程

原料选择→预处理→预冻→真空冷冻干燥→真空包装→成品。

2. 操作要点

（1）原料选择　选择无病虫害、个体大小一致的新鲜藠头鳞茎，清洗去除表层泥土，在2%的食盐水中浸泡7～8min，然后在自来水中进行漂洗，取出沥干。

（2）原料预处理　包括切片和浸泡两个工序，将原料切成合适的厚度，切分时应使切割面垂直于纤维的方向，使冻干时冰的升华界面的移动方向与纤维方向一致，以提高干燥速率；然后在50～55℃、4%～5%麦芽糊精溶液中浸泡30min左右，取出沥干。

（3）预冻　预处理后的原料放入超低温冰箱中，在－36℃下进行预冻，预冻时间 3～4h，使原料中的水分充分冻结。

(4) 真空冷冻干燥　预冻后的原料迅速放入冻干机的干燥室内，冷阱温度为－55℃左右，设定真空冷冻干燥机的各种参数，进行真空冷冻干燥。干燥分两个阶段，冻干开始时，搁板不加热，通过外界辐射为升华过程供给热量，冻干10h左右，升华干燥阶段基本完结，进入解吸干燥阶段，启动加热程序，将搁板温度升至 40℃，当物料温度接近加热极温度时，表示物料基本冻干，结束冻干操作。

(5) 包装　冻干完结后，迅速采用真空包装机对冻干藠头进行真空包装。

3. 加工关键控制点

藠头预处理过程中，影响产品质量的主要因素有原料切片厚度、麦芽糊精浓度、浸泡温度和浸泡时间。原料切片厚度会影响干燥速率和产品复水性能，切片太厚会降低产品复水性能，同时延长冻干时间；浸泡温度应以保证产品中的营养成分不遭破坏为宜，一般不超过 60℃；浸泡时间越长越有利于麦芽糊精渗入，增加产品饱满度，提高产品得率。采用切片厚度 4mm、麦芽糊精浓度 4%、浸泡温度 45℃和浸泡时间 30min 的预处理条件，可以明显提高冻干藠头的质量。预处理藠头的共晶点为－30℃，真空冷冻干燥条件为：物料预冻温度－36℃，预冻时间 3～4h，冷阱温度控制在－55℃左右，干燥室真空度 7～9Pa，解吸阶段搁板温度 40℃，物料冻干所需时间 15h。根据产品的复水比、产品得率、复水速率、饱满度和色泽等指标，真空冷冻干燥所得产品的质量明显优于热风干燥和真空干燥等普通干燥方法，是生产优质藠头干制品的首选方法。

六、藠头微波真空干燥加工

微波真空干燥法是新兴的干燥手段，为藠头干燥生产加工提供参考，根据刘华等研究，操作方法如下：

1. 藠头预处理

将藠头鳞茎冲洗干净，去根割尾，清除杂质后，放入 30℃下热风干燥，至表面干燥为止。然后再放入 5℃的冷藏室内保存备用。

2. 切分

为了鳞茎切分后不松瓣，且有利水分蒸发，将藠头纵向切成两半。

3. 干燥

将处理的藠头放入微波真空干燥机中干燥，设置干燥条件为真空度－80Pa，为最大限度地保留藠头中的硫代亚磺酸酯，干燥时间不宜超过 14min，工作电流不宜超过 125mA。

七、油炸藠头加工

将处理干净的藠头经过糖渍和糖煮后，经油炸、冷却、甩油并迅速装瓶制作而成的油炸藠头，是一种口味甘甜、酥香可口的休闲、即食食品，可满足人们食用口味和趣味饮食的需求，增加藠头产品的多样性。

1. 原料与辅料

（1）原料　选择大小适中，苗黄成熟的藠头。

（2）辅料

① 白砂糖　应符合 GB/T 317—2018《白砂糖》规定。

② 柠檬酸　应符合 GB 1886.235—2016《食品安全国家标准　食品添加剂　柠檬酸》规定。

③ 食用植物油　应选用符合国家相关食用油标准的食用植物油，包括花生油、大豆油、芝麻油、芥花籽油、棕榈油、米糠油、玉米胚芽油、棉籽油、葵花籽油、山茶油、粟米油、橄榄油、红花籽油、核桃油、菜籽油的一种或两种及以上的任意组合。

2. 工艺流程

原料处理→糖煮→沥糖、冷却→油炸→冷却→甩油→包装→成品。

3. 操作要点

（1）原料处理　选择色白，肉质脆嫩、饱满，大小均匀的新鲜藠头为原料，去根割尾，置清水池中轻搓冲洗，除去泥土、皮屑、杂质，清洗干净后，捞入竹筐中沥干表面水分。

（2）糖煮　取洗净沥干水分后的藠头浸没于45%（质量分数，下同）白砂糖、40%饴糖、10%柠檬酸、余量为水的糖溶液中，浸泡1d后，加热煮沸30min，捞出。

（3）沥糖、冷却　将捞出的藠头沥净糖液，摊放于不锈钢台面上冷却至室温。

（4）油炸　将含有0.05%（质量分数）没食子酸丙酯的食用植物油加热至170～180℃，再将冷却后的藠头平铺于不锈钢筐内，连筐一同下锅，油炸15～20min，使藠头炸透而不焦煳，呈亮黄色并有光泽即可。

（5）冷却　炸好的藠头迅速冷至60～70℃，并上下翻动几次防止粘连，待冷却至40℃以下进行甩油。

（6）甩油　经油炸冷却后的藠头，采用离心机以2500r/min甩油2～3min，以充分甩去藠头表面部分油。

（7）包装　将甩油后的油炸藠头，称量后迅速装入旋口瓶中，封口，即制得成品。

4. 产品特点

产品外观饱满，表面光滑，带有光泽，呈亮黄色，口味清香、甜酸适口、酥香浓郁。

第三节　藠头干制品加工质量安全控制技术

藠头干制品由于原料易采，资源丰富，还可以利用原料的食用价值、药用价值和保健价值，开发前景较好。但为保证产品的质量，应该应用藠头干制品生产危害分析与关键控制点体系（HACCP），更好地保证产品的品质，提高产品安全性。

一、影响干制过程的因素

1. 干燥介质的温度

传热介质和物料的温差愈大，热量向物料传递的速度也愈快，水分向外移动因此而加速。以空气为加热介质，在一定水蒸气含量的空气中，温度越高，达到饱和所需要的水蒸气越多，水分蒸发越容易，干燥速度就越快；相反，温度越低，干燥速度也越慢。但在果蔬干燥初期，一般不宜采用过高的温度。因为骤然高温，会使组织中的汁液迅速膨胀，导致细胞壁破裂，内容物流失；物料中的糖分和其他有机物也可能因高温而分解或焦化，有损成品外观和风味；高温、低湿容易造成原料表面结壳硬化，从而阻止水分的外扩散。因此，在干燥过程，要严格控制干燥介质的温度，以低于使果蔬产生不良变化的温度为宜，一般在55～60℃。

2. 干燥介质的湿度

干燥介质的湿度影响湿热传递的速度和决定果蔬的干燥程度。干制时干燥介质越干燥，干燥速度就越快。以空气为干燥介质，温度升高，相对湿度会减小；在温度不变的情况下，相对湿度越低干燥速度也就越快。升高温度的同时又降低相对湿度，干燥会更迅速。

3. 气流循环的速度

以空气作为传热介质时，其流速成为影响湿热传递速度的重要因素。干燥过程中水汽不断地蒸发，干燥环境中空气必须保持一定速度的流动，将饱和的水汽不断地排除，并换入干燥的空气。空气流速愈快，产品干燥也愈迅速。

4. 原料的种类与状态

不同种类、品种的原料，其成分、结构各有差异，干燥速度也各不相同。为了加速湿热交换，原料常被分割成薄片或小片，通过切分扩大物料的表面积，缩短了热量向物料中心传递和水分从物料中心向外移动的距离，增加了物料和加热介质相互接触进行热交换的表面积，也就是增大了干燥面积，增大湿热传递速度，加速了水分蒸发和物料干燥的速度。

5. 原料干制前预处理

原料干制前预处理包括去皮、切分、盐渍、浸碱、热烫等，对干制过程均有促进作用。去皮和切分有利于水分蒸发；盐渍、浸碱和热烫，均能改变细胞壁的透性，降低细胞持水力，使水分容易移动和蒸发。

6. 原料的装载量

原料装载的数量与厚度对于原料的干燥速度有影响。烘盘上原料装载量多，则厚度大，不利于空气流通，影响水分蒸发。装载的数量与厚度以不妨碍空气流通为原则，干燥过程中可以根据原料体积的变化，改变其厚度，干燥初期宜薄些，干燥后期可以厚些。

7. 大气压力和真空度

水的沸点随着大气压的降低而降低，气压越低，沸点也越低。若温度不变，气压降低，则水的沸腾加剧，真空加热就是利用这一原理，在较低的温度下使原料内的水分以沸腾的形式蒸发。原料干制的速度和品质取决于真空度和原料受热的强度。由于干制在低气压下进行，物料可以在较低的温度下干制，既可缩短干制的时间，又能获得优良品质的干制品，尤其是对热敏性的原料特别受用。

8. 干制设备与管理

人工干制时的干燥速度，决定于干制设备的类型和结构。烘房不如干制机、自然气流不如机械鼓风、利用传热介质不如直接辐射的干燥速度快。

人工干制时的干燥速度也与干制期间的管理有关。干制过程中，根据蔬菜失水情况而合理调节干燥空气的温度、相对湿度和回流比例，便可充分发挥干制设备的效率，提高干燥速度。

二、藠头干制品生产危害分析与关键控制点（HACCP）

1. 干制品生产中的危害分析

根据自然干燥、热风干燥、真空冷冻干燥等工艺流程，对藠头干制生产过程各工序中的生物危害、化学危害和物理危害逐一进行分析，并提出了防止显著危害的预防措施，干制生产中的危害分析详见表 5-4。

表 5-4 藠头干制生产中的危害分析

加工步骤	危害分析	是否显著	判断依据	预防措施	是否为CCP
藠头验收	B：致病菌（严重的病虫害、破口）； C：农药残留、重金属（铜、铅、砷）； P：金属、玻璃碎片、石块等	是	青藠头、破口藠头；藠头生产过程使用农药超标；土壤和水污染铅、砷、铜超标；藠头表面存在致病菌和寄生虫；采收运输可能带有金属、玻璃碎片、泥沙石、纤维绳等	凭藠头农药残留、重金属普查合格证明收藠头，控制破口、青口果在10%以下，及时排除杂质	是CCP1
清洗	B：引入微生物； C：消毒剂残留； P：泥沙等	是	水被污染； 水中氯离子浓度过高； 原料和水中存在泥沙	用清水充分清洗即可； 通过SSOP进行控制	否
修整（分级或切分）	B：引入微生物； P：金属、玻璃碎片、石块等	是	原料中带入，腐烂菜挑出不彻底，操作者和环境污染	认真挑选，通过SSOP控制卫生条件	否
漂烫[a]	B：微生物污染； C：褐变、愈伤呼吸等损害； P：杂质	是	漂烫温度时间控制不好使藠头严重褐变、败坏，人员、器具等造成的微生物污染	加强漂烫设备及车间卫生管理，控制温度和加工时间，培训生产人员	是CCP2
热风干燥[a]	B：引入微生物； C：高温引起褐变等损害	是	温度过高或干燥时间过长使藠头严重褐变、败坏； 人员、器具等造成的微生物污染	确定升温方式，严格控制干燥温度和时间并保证符合标准，通过SSOP进行控制	是CCP3
冷冻干燥[b]	B：引入微生物； C：冻结温度、干燥温度引起褐变等损害	是	冻结温度、时间，干燥真空度、温度、时间不符合要求	确定冻结温度、时间，干燥真空度、温度、时间，保证产品符合标准	是CCP3
回软	B：微生物污染； P：杂质	是	水分不平衡，水分高造成霉菌产生	通过SSOP进行控制，保证正确的回软方式和时间	否
包装	B：微生物污染； C：包装材料的安全性； P：异物	是	包装袋及操作间温度和湿度达不到要求，定量包装和热封口不符合要求	合理选择包装方法，进行包装后检查，漏包分析，培训操作人员，经常测定包装间温湿度和封口测试并保证符合标准	是CCP4

注：1. B—生物危害；C—化学危害；P—物理危害；SSOP—卫生标准操作程序。

2. [a] 代表热风干燥工艺，[b] 代表真空冷冻干燥工艺。

(1) 生物危害

① 原料不新鲜，或原料新鲜但未抓紧时间清洗，或加工工序中堆放过久等，

微生物很容易繁殖，引起腐败。

② 生产环境、生产人员等卫生管控力度不够，生产工艺设计不合理，都会造成微生物的大量繁殖。

③ 生产用水不符合生活饮用水卫生标准。

因此，挑选、清洗、漂烫、烘干、包装等工艺必须严格、及时，同时制定生产加工设备、车间人员的日常清洗、消毒规程。

（2）物理危害　由于泥沙、石头、头发、铁丝、木屑、树叶、碎玻璃等混入产品中引起危害。可以通过原料验收、分级挑选、清洗、漂烫来清除，同时注意漂烫、烘干、包装时应注意除尘等物理因素的影响。

（3）化学危害　原料中的农药残留，重金属的混入，无菌袋的辐射残留及生产设备清洗消毒剂残留均会引起化学性污染。为保证产品质量，按无公害、绿色、有机食品标准从原料抓起，基地采购时要了解播种、施药情况；按原料验收标准从严采购、验收、运输、储存、堆放；包装袋、清洗消毒剂必须符合食品卫生标准要求。

2. 关键控制点及其关键限值与纠偏措施

根据对危害环节的分析，建立了 4 个关键控制点。关键控制点的关键限值根据生产经验，经反复检验、修正而最终确定，纠偏措施是偏离临界值时的修正措施。藠头干制生产中的 HACCP 计划表见表 5-5。

表 5-5　藠头干制生产中的 HACCP 计划表

关键控制点	显著危害	关键限值	监控				纠偏措施	记录	验证
			内容	方法	频率	人员			
藠头验收 CCP1	微生物、农药残留、重金属	农残、重金属、卫生指标等在无公害、绿色、有机农产品标准范围内； 青口、破口果颗粒不得超过 10%	感官理化、农残检测数据	检查、核对各项检测结果，目测检查原料	每批	质检部门的原料验收检验员	停止采购、退回不合格原料，重新选择原料	每批次原料检测记录，原料收购记录，原料拒收记录	每日审查记录，每周复审纠偏记录
漂烫[a] CCP2	不合适的漂烫温度和时间	漂烫温度 95～100℃，漂烫时间根据藠头大小而定，一般 2～10min，漂烫后应浸漂以防余热继续作用	漂烫温度和时间	用温度计和时钟测温度、时间	操作工 2～10min 测试一次，质检员随时监督	操作工、质检员	保证时间，不合格标记保留，查原因并提出解决方案	《漂烫作业表》	品控人员对每天的记录进行确认，定期进行微生物检测

续表

关键控制点	显著危害	关键限值	监控				纠偏措施	记录	验证
			内容	方法	频率	人员			
热风干燥[a] CCP3	不合适的升温方式	55～60℃，也可采用前期低温、中期高温、后期降温法	干燥温度、湿度，终点判定方式	温湿度计，感官	操作工前期、中期、后期检测温湿度	操作工、质检员	调节温湿度符合要求，不合格的检查原因并提出处理意见	《热风干燥作业表》	复查当日记录并进行水分检测
冷冻干燥[b] CCP3	不合适的冻结温度、时间，干燥真空度、加热温度、时间	预冻温度−36℃、时间3～4h，冷阱温度控制−55℃，干燥真空度7～9Pa，搁板温度40℃，时间15h	冷冻温度、时间，干燥真空度、温度、时间，终点判定方式	用温度计和时钟测温度、时间	每次	操作工、质检员	调节冷冻温度、时间，干燥真空度、温度、时间符合要求，不合格的检查原因并提出处理方案	《冷冻干燥作业表》	品控人员对每天的记录进行确认，每周对制冷系统和自动检测设备的探头进行一次检验
包装 CCP4	不合适温湿度和封口质量，包装重量	包装室内温度≤25℃，湿度为25%～30%，室内空气正压，包装封口完整	空气温湿度测定，压力测定，包装封口测试，定量包装	温度计、湿度计、压力表，纵封、横封检查，包装封口测试	每班次，每10min检测封口质量	在线品控员	温湿度达不到要求时停止生产，封口测试不符合要求时停止使用	温度记录，湿度记录，压力记录，封口测试结果记录	每日审核仪器检验记录，每周检测设备运行状况

注：[a]代表热风干燥工艺，[b]代表真空冷冻干燥工艺。

HACCP质量控制体系在藠头干制生产中的应用，是保障藠头干制品的质量和安全，以及提高生产工艺技术的一个重要手段，也是增强企业在贸易中的竞争力的重要手段。但HACCP体系的建立必须结合各企业生产实际情况，不同的厂家、不同的工艺、不同的生产设备，存在的危害也可能不一样，建立的体系也不同。各厂家要结合实际情况，才能建立有效的HACCP体系，实行有效的管理。

第六章

藠头糖制品加工与质量安全控制

藠头糖制品是以藠头为主要原料，添加（或不添加）食品添加剂和其他辅料，经糖、蜂蜜或食盐腌制（或不腌制）等工艺制成的制品。充分利用食糖的高渗透压作用、抗氧化作用、可降低制品水分活性，改变风味口感而保存藠头食品。藠头糖制品常见的有蜂蜜藠头、藠头脯、藠头果酱等。

第一节　糖制品质量标准

1. 蜜饯类产品质量标准

蜜饯类产品的质量，企业可根据自身特点，按照GB/T 10782—2021《蜜饯质量通则》的相关规定，制定具体的企业标准。

（1）感官指标

① 组织形态　产品形状大小一致，饱满，允许有2%以下的碎块，质地软硬适度。果脯要求不返砂、不流糖；返砂蜜饯要求返砂，砂粒细小均匀。

② 色泽　应具有该糖制品应有的色泽，且产品整体色泽基本一致，透明或半透明，有的也可以不透明。

③ 滋味及风味　应具有该糖制品应有的滋味和风味，无异味。凉果类可以有适当咸味、药材香味。

④ 香气　应具有该品种原果蔬的芳香气味，不得有焦煳味、酸霉味、异臭等气味。

⑤ 杂质　产品应纯净、卫生、无肉眼可见杂质。

（2）理化指标　总糖、水分、还原糖、酸度依各产品而定，重金属指标及添加剂要求为：铅（以Pb计）≤2.0mg/kg；砷（以As计）≤0.5mg/kg；铜（以

Cu 计）≤10mg/kg；锡（以 Sn 计）≤200mg/kg；食品添加剂符合 GB 2760—2014 规定。

（3）微生物指标　细菌总数≤750 个/g；大肠菌群≤30 个/100g；致病菌不得检出。

2. 果酱类产品质量标准

果酱类产品应符合 GB 7098—2015《食品安全国家标准　罐头食品》的规定。

（1）感官指标　容器密封完好，无泄漏、无胖听现象存在。内容物具有原果蔬本身正常的色泽，均匀一致；并具有该产品特有的气味和滋味，酸甜适口，无焦煳味和其他异味；产品呈黏糊状，不分泌汁液，无糖结晶。

（2）理化指标　可溶性固形物含量、总糖量依不同产品而异。重金属指标及添加剂要求为：锡（以 Sn 计）≤200mg/kg；铜（以 Cu 计）≤5.0mg/kg；铅（以 Pb 计）≤1.0mg/kg；砷（以 As 计）≤0.5mg/kg；食品添加剂符合 GB 2760—2014 规定。

（3）微生物指标　符合罐头食品商业无菌要求，无致病菌及微生物所引起的腐败现象。

第二节　藠头糖制品加工技术

一、开远甜藠头加工

开远甜藠头是云南省的传统名特食品，在清代，是朝廷指定的进贡食品之一，在 1962 年开始出口。开远甜藠头具有健脾开胃、去油腻、增食欲的作用，口感嫩、脆、酸、甜，并略带辣味，十分爽口。它既可单独食用，也可作为配料制成多种美味佳肴，因而留有“久吃龙肝不知味，馋涎只为甜藠头”的赞语。

1. 原料

鲜藠头，红糖，精盐，新鲜红辣椒，白酒。

2. 操作要点

（1）选料　选用色泽洁白、饱满、大小均匀、质地脆嫩的新鲜藠头，剔除青藠头。以肉质肥厚、质脆、味甜的新鲜红辣椒和水分少、酸度低、甜度高的红糖为辅料。

（2）预处理　将藠头去须根、剪茎尾、除粗皮。而后用清水反复搓洗，除去泥土和皮屑，漂洗干净，装入筐内，置于阴凉处，晾干水分。

(3) 腌制　将经整理的藠头放在容器内，按原料配比，每10kg藠头加精盐0.8kg，翻拌均匀。然后加入剁细（或不切）的鲜红辣椒0.7kg，白酒100g，红糖3kg，翻拌均匀。将拌好配料的藠头装入事先洗刷干净，并用白酒杀菌的菜坛内进行腌制。

(4) 封坛　腌制7d后，加入红糖500g，与藠头翻拌均匀。以后每天将坛中配料从上到下翻动1次。连续翻动4d，将500g红糖均匀地铺撒在藠头表面，并沿坛口周围浇洒白酒25g。然后将坛口用塑料薄膜和厚纸扎紧，盖上盖，再用黏性黄土包实进行密封。3个月后即可成熟，半年后质量最好。

简单工艺为，将藠头去根剪尾，洗净，晾干，然后与精盐、新鲜辣椒、糖、白酒混合，拌匀，入缸腌制。每周用木棍翻动一次。1个月后，加盖泥贮存，3个月后即成。

3. 产品特点

本品呈金黄色，质地脆嫩，味甜、鲜咸微酸、微辣爽口。

近年来，甜藠头生产逐步采用现代化设备，但配方和制作程序仍按传统方法，产品质量稳定。

二、蜂蜜藠头加工

蜂蜜藠头属糖渍蜜饯，藠头原料经糖（或蜂蜜）熬煮或浸渍、干燥（或不经干燥）等工艺制成带有湿润糖液或浸渍在浓糖液中的制品。

1. 工艺流程

洗涤→腌制→脱盐→蜜渍→成品。

2. 操作要点

(1) 洗涤　收获藠头时，剪去须根及地上茎。运到加工厂后洗涤干净。

(2) 腌制　藠头用食盐和明矾进行腌制。

(3) 脱盐　腌制成熟的盐渍藠头进行两切修剪后，用温水和冷水浸泡去粗皮、脱盐沥干。

(4) 蜜渍　按照蜜制方法，将藠头浸泡于蜂蜜中，蜂蜜的用量大致与藠头的重量相近。在蜂蜜中浸泡一个月后即成。

3. 产品特点

蜂蜜藠头色泽金黄，有蜜香，味甜而嫩脆。

三、蜜藠头加工

1. 工艺流程

原料处理→盐腌→修整→硬化与漂水→热烫→漂熟坯→糖渍→糖煮→成品。

2. 操作要点

(1) 原料选择　选择藠果完好、无严重畸形、色泽一致的新鲜藠头，用塑料筐装好放入水中冲洗干净。

(2) 盐腌　将藠头倒入池中，用浓度为10%～15%的盐水腌渍。目的是使藠头不腐烂，延长加工日期，也便于烫煮时藠果带韧性不爆皮层。

(3) 修整　盐渍后出池进行两切处理，再按大小或大中小分级。

(4) 硬化与漂水　将修整后的藠坯按分级分别投入大缸或其他容器中漂水，洗去附着的粗皮和脱盐，沥干水，用0.3%石灰水溶液硬化10min，再沥干水后用流水漂洗，提高藠坯的耐煮性。

(5) 热烫　捞出藠坯，放入竹篓中沥干水，再投入沸水中。待沸腾后改用文火，热烫过程中要将靠锅边的藠坯慢慢搅拌至锅中，使藠坯各部受热均匀。热烫可软化组织，便于糖分渗透。热烫时间应适度，热烫过久则藠果软烂；热烫不足则肉质硬，影响制品的口感。一般按大中小藠头分开进行热烫。

(6) 漂熟坯　热烫后的藠坯要迅速倒入冷水中，冷却漂水，如不能采用流动水，一般按时换水。

(7) 糖渍　捞起藠坯，滤去水分，然后一层藠坯一层糖装入缸或其他容器中浸渍3～5d。使糖渗透到藠坯内部，藠内水分向外扩散。藠糖比为1∶1，糖渍时蔗糖先放60%，剩下40%在糖煮时依次加入。

(8) 糖煮　糖煮采用多次煮成法，一般为三次。

第一次糖煮：将藠坯和未溶解的糖以及藠头内渗出的水分一起倒入锅中煮沸，煮时不断搅拌。糖液沸腾后改用文火，开始计时，10～15min后捞出藠头，置于容器中，糖液继续煮制，以蒸发水分，提高糖液浓度。15min后舀出糖液放入木盆或铝锅中。稍凉后放入藠头一起浸渍。此时加入20%的蔗糖浸1～3d。待糖液与藠头渗透平衡后进行第二次糖煮。

第二次糖煮：方法同第一次。糖煮时间应缩短至8～12min，糖煮后再加入剩余的20%蔗糖浸渍2～3d。

第三次糖煮：方法同第一次。在糖液小沸时将藠头捞出置于容器中，让糖液继续沸煮10～15min，待糖液稍凉后倒入缸中，浸渍藠头5～6d，即为成品。

(9) 成品　第三次糖煮后，可将成品用瓶或缸密封保存。如成品要贮藏较长时间的，可在春季时再煮1次。成品含糖量须达65%以上，以保证质量和利于贮藏。

3. 产品特点

制品颜色有透明感，口感好，质地致密、入口化渣，糖分含量高。

四、藠头糖加工

藠头糖属糖霜蜜饯，藠头原料经加糖熬煮、干燥等工艺制成表面附有白色糖霜（衣）的制品。产品质地致密，表面干燥，入口甜糯，回味绵长，风味独特，原果味浓，基本保持了鲜果形状和营养成分，是大众喜爱的蜜饯佳品。

1. 工艺流程

藠头糖加工工艺按糖煮和不糖煮处理有下列两种基本方法，不糖煮，则不需进行硬化处理。

① 原料清洗→下池盐腌→整理→硬化漂水→预煮→熟坯漂水→糖渍→糖煮→冷却干燥→上糖衣→冷却包装。

② 原料清洗→腌制→整理→漂洗→蒸制→糖渍→晾晒→裹糖→烘干→包装。

2. 操作要点

（1）原料清洗　选择色泽、大小一致的新鲜藠头，放在流动的清水中洗干净，沥干水分。

（2）下池盐腌　采用干盐法和盐水法均可。选择不漏的腌渍池，在池底部薄薄撒一层盐，再将藠头倒入池中，每次倒入不宜太多，约 17cm 厚，并记好重量，按照倒入藠头重量计算加盐量。如每 100kg 藠头加盐 15kg，底下的每 100kg 藠头只要下盐 8kg，上重下轻，越往上层加盐越重。盐要撒匀，藠头也要倒匀，使每层的藠头厚度一致（池横边上从底往上每隔 17cm 用白粉笔画好横线作标记）。池满后再在上面撒层盐，然后用竹板或木板将藠头盖好。每平方米用 150kg 以上石头等重物压实，防止藠头加盐水后向上浮，加压后，用 10%盐溶液灌满池子，要使藠头完全泡在盐水内，抑制酵母菌和霉菌的发育。一般盐淹约 1 个月，便可进行加工。如在 15%盐溶液中，藠头坯可保持半年不坏，在 25%的盐溶液中，可保持一年时间不坏。根据本厂藠头加工时间的长短，腌渍时的盐用量可以灵活掌握。

（3）出池整理　盐渍后出池进行两切处理，再按大小或大中小分级。

（4）硬化漂水脱盐　经过分级后将藠坯用水果篓装好，放入浓度为 1%的石灰水中进行一次硬化，捞出放在漂水篓漂水，漂除藠头中的盐水。

（5）沸水预煮　预煮具有抑制微生物生长、防止败坏、固定品质、破坏酶、防止氧化变色、脱盐和除去硬化剂等作用，还可适度软化肉质，使糖制时糖分容易渗透。将藠坯倒入水沸后的锅或夹层锅中，尽力搅动，使其预煮程度一致，时间 3～5min 不等。也可用蒸汽蒸制。

(6) 熟坯漂水　预煮后的原料要迅速倒入冷水内，冷却漂水，定时换干净水，捞出沥干水，能够除去藠头中咸味。

(7) 糖液腌渍　为利于糖分的渗入，缩短煮制时间，将藠头漂水后捞出沥干水，倒入干净的陶缸中，然后用 60%糖溶液淹没藠头。糖溶液不可太稀，也不可太浓，稀了效果不好，浓了不易渗入。由于藠头本身含水量高，能够吸收较高浓度的糖液，渍糖时间 12～24h 便可进行糖煮了。

(8) 加糖煮制　采取一次煮成法，将藠头连同糖液一起倒入锅中，大火煮制。首先不要过多搅动，否则藠头易烂，待锅中藠头用锅铲搅动感觉阻力较大时，就加入适当数量的白糖，随着煮制时间延长，白糖的添加量也越多，搅动的次数也越勤（浓度增大容易烧锅）。一般煮制时间 1.5～2h，视火力的大小加糖 4～5 次，沸点 118℃左右便可出锅。

(9) 冷却干燥　将煮制好的藠头捞出，沥干糖液，倒入盘中来回搅动（振动盘），使热量散发快，不至于因热量散发不出而烧坯，也使藠头中的水蒸气进一步排出，加快冷却速度。搅动 3～4 次后就开始干燥“收汗”，停止翻动。在“收汗”后，再搅动一次，不宜过分冷却，否则里面水蒸气排不出来，形成内湿外干，影响制品品质和储藏。也可糖渍之后进行晾晒，再裹糖。

(10) 上好糖衣　即裹糖，藠坯冷却后，用过饱和糖液处理，干燥后成品表明形成一层透明糖质薄膜，耐贮性较强，减少储藏中的吸湿、黏结等不良现象。操作时用温度 108～110℃糖液浇到能转动的不锈钢容器中的藠头上，多次翻动，再倒入竹盘中冷却，翻动，使其均匀黏结在藠坯表面上。

(11) 冷却包装　第一天裹糖的要在第二天包装，把黏结的藠头用手掰开，筛去糖末方可包装成小袋，再装成箱。要求外包装纸箱牢固，否则堆码和运输中，容易将藠头糖压坏，糖衣脱落。

3. 产品特点

形态圆整，表面雪白，肉质酥脆，甜咸适口，风味别致。

五、藠头糖糕加工

1. 主料处理

选取藠头为主料，将藠头放入水中煮熟，然后取出并晒干。

2. 辅料准备

选取 45%～55%麦芽糖、5%～15%白砂糖、25%～35%蜜蜂、4%～6%食用油和 4%～6%水作为辅料，将辅料混合加热至 130～180℃，加热 15～20min。

3. 混合搅拌

将主料加入辅料中，在130～180℃的温度中混合搅拌至均匀，得半成品。

4. 成型包装

将半成品取出进行定型，趁热切成小长方块，冷却包装得成品。

六、藠头果脯加工

藠头果脯蜜饯是藠头原料经糖渍、干燥等工艺制成的略有透明感、表面无糖霜析出的制品。其特点是，产品表面无衣、无霜、无液，不粘、不燥，形状扁圆半透明，含糖量适中，柔软而有韧性，甜香可口，有原果风味，方便携带，是一种具有滋养功效的特色风味休闲食品。

1. 工艺流程

原料清洗→盐渍→整理→脱盐→糖渍→糖煮→二次糖渍→二次糖煮→烘干→包装→成品。

2. 操作要点

（1）原料选择　选择色泽、大小一致，新鲜的藠头。

（2）清洗　将藠头放在流动的清水中洗净。

（3）盐渍　盐渍干腌和湿腌都可以。为了保持藠头的果形以及保脆，以湿腌为佳。用藠头重量80%的15°Bé盐水溶液入浸藠头，同时添加0.2%明矾（或氯化钙），然后按传统的盐渍工艺添加食盐至14°Bé。若要一年四季长期保存与加工，则需增加食盐至20～22°Bé。

（4）脱盐　将通过上述处理的藠头坯进行两切处理后，用流水漂洗至含盐量达2%～3%。要注意翻动藠头，加快脱盐速度。沥干后就可糖渍加工。

（5）糖制　采用多次浸糖的方法，将藠头坯加入预先熬制好的50°Bé糖液中，沸腾2min后自然浸渍24h，重复两次，目的是使原料中糖浓度与外部糖浓度得到平衡。从外观来看，藠头表面饱满，有光泽，呈透明状态，藠头坯中心部位糖浓度与糖液差不多时即可认为糖渍结束。

（6）烘干　将完成糖制后的藠头捞出沥干，置于上下通风的竹匾（盘）中，放入45℃恒温室干燥，每隔3～4h将藠头上下翻动一次，至不粘手为止，其含水量下降为25%左右，即为藠头果脯蜜饯成品。

（7）包装　将藠脯包装好后，放入外包装箱内，并在包装箱的外表印上品名、规格、产地、生产时间等。

3. 成品感官指标

（1）色泽　颜色洁白，无黄斑及其他杂色。

（2）气味　具有藠头清香，无糖浆及焦糖气味。

（3）滋味　甜味浓，略带酸、咸味。

（4）体态　颗粒整齐，大小分级一致，不粘连。

（5）质地　软韧、柔脆。

七、藠头凉果加工

藠头凉果属甘草蜜饯，为藠头原料经盐渍、糖渍（或不糖渍）、干燥等工艺制成的制品。一般多以盐渍藠头为原料，反复吸收甘草、香料、糖液（浸渍或烧煮）后，反复晒干（烘干）制成。其产品特点是，含糖量低，表面干燥或半干燥；肉质细腻而致密，甜、酸、咸与浓郁的添加香味混为一体，味多酸甜或酸咸甜适口，爽口且有回味；形状完整，表面皱缩，微有盐霜。产品的风味好坏，主要决定于香料调配得当与否。调味好，产品的风味就好。

1. 工艺流程

鲜藠头→盐渍→漂洗→脆化处理→烫煮→漂洗→糖渍或不糖渍→初晒（烘）半干燥→加香料浸渍→复晒（烘）→再浸渍→最后曝晒（烘）→包装→成品。

2. 操作要点

（1）原料盐渍　藠头清洗后，在缸或腌渍池中用盐腌渍。一层果一层盐，以盐封面。总用盐量为鲜藠头的18%左右，明矾为0.2%。待盐溶解后，有盐卤溢出，这时必须用石头加木板压在上面，使藠头不暴露在液面上。

（2）漂洗脱盐干燥　腌渍1个月后，捞出先清水后沸水漂洗脱盐，再进行人工烘干或晒干，待含水量达到30%时（即半干燥），用指压坯肉，以尚觉稍软为度，不可烘到干硬状态。将藠头坯清理整形。

（3）加料浸渍

① 浸液准备　将3kg甘草洗净，以60kg水煮沸，浓缩到55kg。滤取甘草汁，然后拌入15kg糖、0.5kg甜蜜素等料，制成甘草香料浸渍液。

② 浸坯处理　把甘草香料浸渍液加热到80～90℃，然后趁热加入半干藠坯，缓缓翻动，使之吸收浸渍液。浸渍液分次加入藠坯到藠面全湿后停止翻拌，移出，烘到半干。再进行浸渍翻拌，如此反复吸收甘草香料多次。

（4）干燥　把多次吸收浸渍液后的藠坯移入烘盘摊开，以60℃烘到含水量达18%时取出，冷却整形，含水量高时加藠头量1%的甘草粉，充分拌和均匀，包装即为成品。

3. 产品指标

呈黄褐色，藠形完整，大小基本一致，藠体软硬适宜，表面略干，有皱纹；

味道酸、甜、咸适度，有甘草等添加香料的香味，回味久留。含水量为18%～20%。

4. 注意事项

（1）含水量不能过高，否则产品在保存期间会生霉。

（2）藠头凉果制品具有香、咸、甜、酸的多种风味。如需突出其中一种风味，可以在配方中加大那一种风味的配料用量。配方根据当地消费者口味或需方要求确定，不是一成不变的。

八、藠头果酱加工

藠头果酱是藠头经切碎打浆筛滤后，加糖（可适量加酸和果胶）浓缩而成的凝胶制品，是西餐的高级佐料。可用鲜藠头、盐渍藠头以及甜酸藠头的下脚料清洗加工而成。

1. 工艺流程

原料选择→清洗→预煮→浸漂→磨碎打浆→调煮浓缩→装罐→密封→杀菌→冷却入库。

2. 操作要点

（1）原料选择　大小不拘，剔除腐烂、异色藠头。

（2）清洗　用清水洗净。

（3）预煮　3%盐水升温至70～75℃，加料20kg并搅动，80℃热烫15min左右。

（4）浸漂　用流动水浸漂脱盐。

（5）磨碎打浆　把原料在筛孔为10～12mm的打浆机中打浆。

（6）调煮浓缩　藠浆25kg加糖20kg，用清水溶解成75%的糖浆。先将一半糖浆和藠浆倒入夹层锅，用2.25kg/cm^{2}蒸气压力，加热15min后，再加入另一半糖浆。继续加热使成品温度达107℃，当固形物含量达65%时出锅装罐。注意采用新鲜藠头加工藠头果酱需要添加柠檬酸，盐渍藠头则不需要添加。

（7）装罐　趁热装罐致满罐。

（8）密封　趁热封罐。

（9）杀菌　常温100℃杀菌10min。或杀菌式100℃/(5′～17′)。

（10）冷却　用热水分段冷却，擦罐入库。

3. 质量要求

（1）色泽　成品色泽均匀一致。

（2）风味　具有藠头果酱应有的风味，无焦煳味及其他异味。

（3）组织形态　制品呈糊稠状，质地细碎的果肉较均匀地分布于浆体中，无糖结晶析出，无杂质。

(4) 可溶性固形物含量为65%。

第三节　藠头低糖制品加工技术

传统工艺生产的果脯蜜饯、果酱类属高糖食品，随着生活水平的提高，人们对低糖、低热量、低脂肪保健食品的需求量越来越大，蜜饯、果酱产品也在向低糖和营养方向发展。

一、低糖蜜饯

低糖蜜饯可以在传统蜜饯生产的基础上减少渗糖次数或减少煮制时间，主要的技术措施如下：

1. 选择蔗糖替代物

采用淀粉糖浆取代40%～50%的蔗糖，这样既可以降低产品的甜度，又可以使产品保持一定的形状。选择合适的糖原料对低糖蜜饯的饱满度起着重要作用。

2. 添加有机酸

添加0.3%左右的柠檬酸，可使产品pH降至3.5左右，这样可降低甜度，改进风味，并加强保藏性。

3. 改进渗糖工艺

多采用热煮冷浸工艺，即在糖煮过程中，取出糖液，加热浓缩或加糖煮沸后回加于原料中，可减少原料高温受热时间，较好地保持原料原有的风味。亦可采用真空渗糖，降低制品含糖量，保持较好的营养。

4. 烘干降低水分活性

通过烘干脱水，控制水分活性在0.65～0.7之间，可有效控制微生物的活动，使低糖蜜饯具有高糖蜜饯的保藏性。

5. 采用真空包装或充氮包装

采用真空包装或充氮包装，可以有效降低包装容器内氧气含量，减少因氧化引起的变色、变味和营养损失现象，同时真空和充氮包装也能有效抑制腐败菌滋生，有利于制品保存。

6. 采用辅助措施保证低糖蜜饯的贮藏

若糖度降得太低，就容易造成制品在质量上存在着透明度不好、饱满度不足、易生霉、不利于贮藏等问题。因此必要时按规定添加防腐剂，或采取杀菌处理、减压冷藏等辅助措施，均可解决低糖蜜饯的保藏问题。

二、低糖果酱

生产低糖果酱类产品时，可用低糖果浆代替部分白糖使浓度降低，为使制品产生一定的凝胶强度，需要添加一定量的增稠剂。

第四节　藠头糖制品加工质量安全控制技术

一、蜜饯果脯加工常见质量问题与控制

在果脯蜜饯加工过程中，由于操作方法的失误或原料处理不当，往往会出现一些问题，造成产品质量低劣，成本增加，影响经济效益。为此必须采取相应技术措施，提高蜜饯果脯产品质量。

1. 盐渍藠头发霉或腐烂

在藠头盐渍制坯过程中，藠头品质发生恶化，且表面发霉，鳞茎腐烂。

（1）主要原因

① 藠头未到达成熟期、贮藏时间过久，经不起盐渍，导致腐烂。

② 藠头与食盐的比例不当，用盐量过少。

③ 盐渍时未将藠头和食盐充分搅匀。

④ 未添加硬化剂或添加量不足。

⑤ 盐渍的容器渗漏，卤水不能浸没原料，鳞茎暴露在空气中。

（2）解决办法　检查容器有无渗漏现象，如有，则立即将腌坯连同卤水移入另一容器中；并加1倍的食盐，继续腌渍，上下翻动，使之充分拌和；并尽快进行加工。

2. 返砂产品不返砂

（1）主要原因　返砂蜜饯，其质量标准应是产品表面干爽，有结晶糖霜析出，不粘不燥。但是，由于原料处理不当，或糖煮时没有掌握好正确的时间，因此使转化糖含量急剧增大，致使产品发黏，糖霜析不出，造成不返砂的主要原因如下。

① 原料处理时，没有添加硬化剂。

② 糖渍时，糖液发稠。

③ 糖煮时间太长，糖浆发黏，糖液的浓度太低。

④ 原料本身的含酸量太高。

⑤ 在煮制时，半成品有发酵现象。

(2) 解决办法　返砂蜜饯的糖液浓度要高，一般为42°Bé左右；果脯则要在40°Bé左右。

① 在处理原料时，应适当添加一定数量的硬化剂（0.1%～0.2%$CaCl_2$）。

② 漂洗时要尽量漂尽残留的硬化剂。

③ 在糖煮时，尽量采用新糖液或添加适量的白砂糖，控制糖煮时间，使糖煮液的浓度保持在40～42°Bé。

④ 调整糖液的pH值，返砂蜜饯都是中性，pH值应在7～7.5之间，因此，如果盐坯的含酸量太高，在原料前处理时，就要注意添加适量的碱性物质。(0.25%～0.5%明矾和石灰水处理6～8h)，进行中和。

⑤ 密切注意糖渍的半成品，防止发酵，增加用糖量或添加适量的防腐剂，使半成品不发酵。

3. 果脯返砂与流糖

(1) 果脯结晶返砂　正常的果脯，质地柔软，鲜亮而呈透明感，含水量为17%～19%，含糖68%～72%，其中转化糖占总糖量50%左右，在适宜的贮藏条件下，不会产生返砂现象。如果在糖煮过程中掌握不当，原料含酸量太低，制品蔗糖含量过高而转化糖含量不足（30%以下），加上贮藏温度过低，就会造成果脯的结晶返砂，返砂的果脯将变硬而且粗糙，表面失去光泽，容易破损，品质降低。解决办法有：

① 糖制中适当加入柠檬酸，以保持糖煮液中含有机酸0.3%～0.5%，使蔗糖适当转化，保持糖煮液和制品中转化糖含量达2/3左右。对于循环使用的糖水，应在加糖调整浓度后检验总糖和还原糖含量，一般总糖在54%～60%，若其中转化糖已达到25%～30%，即可认为符合要求，产品不会返砂。

② 糖液中加部分饴糖、蜂蜜或淀粉糖浆（一般不超过20%），或添加部分果胶等非糖物质，以增加糖液黏度，减少或抑制糖的结晶。

③ 糖制品贮藏温度以12～15℃为宜，切勿低于10℃，相对湿度控制在70%以下。

④ 对于已返砂的果脯，可将其放于15%的热糖液中烫一下，然后再烘干即可。

(2) 果脯流糖　导致果脯流糖的主要原因是果脯中转化糖含量太高（转化糖占总糖70%以上）；贮藏中相对湿度过大，加之在烘干时初温过高，影响水分扩散，内外水分不平衡；高温、高湿季节容易吸潮“流糖”。

解决办法：糖煮过程中加酸不宜过多，煮制时间不宜过长，防止糖的过多转化。另外，烘烤初温不宜过高（50～60℃），防止表面干结，使果脯内部的水分扩散出去。在成品贮藏中，应密闭贮藏，可用两层塑料袋密封保存，相对湿度控制在70%以下。

4. 煮烂与皱缩

原料选择不当，加热煮制的温度和时间掌握失误，预处理方法不当，糖渍时间太短，均会引起煮烂和皱缩现象。

（1）煮烂　藠头过嫩过小或盐渍太久，原料细胞壁中原果胶水解为水溶性果胶，或由水溶性果胶进一步水解为果胶酸产物；在加工过程中，糖煮温度过高，或煮制时间太长，均会出现煮烂现象。解决办法有：

① 选择成熟的原料，另外，同一煮锅，藠头大小要尽量一致。

② 糖煮前，可进行硬化处理（使用明矾、氯化钙、石灰等），使果肉硬化，提高耐煮性。

③ 缩短煮制时间。

（2）皱缩　皱缩现象也是造成蜜饯果脯质量不良的常见问题。引起皱缩的主要原因是藠头“吃糖”不足，干燥后出现皱缩干瘪现象。如藠头成熟度不够，或是糖渍时间太短，糖分还未被吸收或吸收太少；糖煮时糖液浓度不够，糖煮时间太短，致使产品不饱满等。解决办法有：

① 糖制时开始糖液浓度不要太高，一般为30%～40%，糖制过程中应分次加糖，使糖液浓度逐渐升高。

② 适当延长糖渍的时间，充分饱满后再进行糖煮，适当掌握糖煮时间。

③ 可采用真空渗糖法促使糖液充分渗入到组织中。

④ 在糖煮前，可先用清水烫漂并使藠头硬化，也可避免皱缩问题的发生。

5. 褐变现象

（1）主要原因　色泽是蜜饯果脯制品质量感官评价的重要指标。藠头蜜饯果脯一般为原料本色，色泽明而亮。但在加工时，如操作不当，就可能产生褐变或色泽发暗的情况。其原因主要有：

① 氧化引起的酶促褐变。

② 糖液与蛋白质相互作用，产生一种红褐色的黑蛋白素。

③ 糖煮、烘烤干燥的条件及操作方法不当。

（2）解决办法

① 藠头收获后应尽快盐渍。

② 烫漂处理　原料加工过程中，可在高温下烫漂，使原料中酚酶及其他酶类失去活性。一般情况下，氧化酶在71～73.5℃下、过氧化酶在90～100℃下处

理 3min 即可失去活性。在保证烫漂效果的情况下，尽量缩短烫漂的时间。

③ 缩短受热时间　在保证热烫和糖煮目的的前提下，尽可能缩短熬煮时间。

④ 加快干燥速度　改善干燥的条件，烘房应有通风设施，操作时每隔 4h 把烘房翻动一次，并使产品干燥均匀。

⑤ 色泽青的藠头不投入生产。

6. 产品长霉、变酸、变质

变酸变质的果脯表面无光泽，酸味变重并伴有霉味，甚至腐烂变质。

(1) 主要原因　一是生产操作环境卫生条件恶劣，包装前果脯被微生物严重污染；二是产品含糖量低，含水量高；三是贮存环境温度高、湿度大、包装不良。

(2) 解决办法

① 果脯产品的糖度必须高于 60%，含水量则低于 20%，对于糖度较低的制品要适当使用防腐剂，以抑制微生物的活动。

② 保证生产环境卫生清洁、加工过程密闭，并定期对设备、工具、环境进行消毒。另外，干燥方法尽量不采用日晒法。

③ 包装材料要选用气密性好的材质，并对包装材料进行预消毒。

④ 贮存时控制适宜的贮存温、湿度。

二、果酱加工常见质量问题与控制

1. 变色

造成果酱变色的原因很多，有金属离子引起的变色；单宁的氧化；糖和酸及含氮物质的作用引起的变色；糖的焦化等。解决办法有：

(1) 加工中操作迅速，迅速预煮，破坏酶活性。

(2) 不用铜、铁等对制品有害的材料制造工器具。

(3) 尽量缩短加热时间，浓缩中不断搅拌，防止焦化。浓缩结束后迅速装罐、杀菌。散装果酱要尽量冷却。

(4) 贮存温度不宜过高，以 20℃左右为宜。

2. 晶析

果酱中糖的晶析是由果酱生产中含糖量过高或转化糖含量低造成。

解决办法：生产中应控制总糖的含量以不超过 63%为宜；控制配方，使果酱中蔗糖与转化糖的量有一定比例。浓缩中对酸含量低的原料适当加入柠檬酸。也可用淀粉糖浆（一般为总糖量的 20%）代替部分砂糖，或加入 0.35%果胶提高果酱黏度，防止结晶返砂。

3. 汁液浸出

由于果胶含量低，或因浓缩时间短，未形成良好的凝胶。

解决办法：对果胶含量低的原料，加工果酱类产品时可适当增加糖量；添加果胶或洋菜增加凝胶作用。

4. 霉变

果酱发霉变质主要原因有：原料被霉菌污染，随后加工中又未能杀灭；装罐时酱体污染罐边或瓶口而没有及时采取措施；密封不严造成污染；加工操作和贮存环境卫生条件差等。要防止果酱发霉应做到以下几点。

（1）原料必须彻底清洗，进行必要的消毒处理，并严格剔除霉烂的原料。

（2）生产车间所用机械设备、器具等要彻底清洗，操作人员必须保证个人卫生，防止霉菌污染。

（3）罐装容器、罐盖等要严格清洗和消毒。

（4）确保密封温度在80℃以上，严防果酱污染瓶口，并确保容器密封良好。

（5）选用适宜的杀菌、冷却方式，玻璃瓶装果酱最好采用蒸汽杀菌和淋水冷却，并严格控制杀菌条件。

第七章

藠头饮料制品加工与质量安全控制

藠头饮料制品是藠头清洗、挑选，经加工或发酵后，采用物理的方法如压榨、浸提、离心等操作得到的以藠头汁为原料，通过加糖、酸、香精、色素等调制，装入包装容器中，经密封杀菌，而得以长期保藏的产品。具体可分为藠头汁饮料、复合藠头汁饮料和发酵藠头汁饮料（包括藠头醋饮料）三类。产品保留了藠头本身所含有的营养成分和药用价值，易被人体吸收，风味佳美，可帮助消化，促进食欲，还具有医疗保健作用。目前，功能性藠头汁饮料逐渐吸引了人们的眼光，将成为有前途的保健食品。

第一节　藠头饮料制品加工技术要求

1. 原辅料要求

（1）藠头原料应有一定成熟度、新鲜度、清洁度，并符合相关规范和采收标准。

（2）其他原辅料应符合相关规范和国家标准。

2. 感官要求

应符合表 7-1 的规定。

表 7-1　感官要求

项目	要求	检验方法
色泽	具有该种蔬菜、水果制成的汁液（浆）相符的色泽，或具有与添加成分相符的色泽	取 50g 均匀的样品于 100mL 洁净的透明烧杯中，置于明亮处目测其色泽、杂质，嗅其气味，品尝其滋味
滋味和气味	具有该种蔬菜、水果制成的汁液（浆）应有的滋味和气味，或具有与添加成分相符的滋味和气味；无异味	
杂质	无肉眼可见的外来杂质	

3. 理化要求

应符合表7-2的规定。

表7-2　理化要求

产品类别	项目	指标或要求
藠头汁（浆）	藠头汁（浆）含量（质量分数）/%	100
浓缩藠头汁（浆）	可溶性固形物的含量与原汁（浆）的可溶性固形物含量之比≥	2
藠头汁饮料	藠头汁饮料中藠头汁（浆）含量（质量分数）/%≥	5
复合藠头汁饮料	复合蔬菜汁饮料的蔬菜汁（浆）总含量（质量分数）/%≥	10
	复合果蔬汁饮料的果汁（浆）、蔬菜汁（浆）总含量（质量分数）/%≥	10
发酵藠头汁饮料	经发酵后的液体的添加量折合成藠头汁（浆）含量（质量分数）/%≥	5

4. 食品安全要求

（1）食品添加剂和食品营养强化剂　应符合GB 2760—2014《食品安全国家标准　食品添加剂使用标准》与GB 14880—2012《食品安全国家标准　食品营养强化剂使用标准》的规定。

（2）其他食品安全要求　如重金属、农药残留、微生物指标等应符合相应的食品安全国家标准。

第二节　藠头汁饮料加工技术

藠头汁饮料是以藠头汁（浆）、浓缩藠头汁（浆）、水为原料，添加或不添加其他食品原辅料和（或）食品添加剂，经加工制成的制品。

一、工艺流程

原料清洗→原料挑选→藠头汁（浆）的提取→粗滤→藠头汁的澄清和精滤/藠头浆的均质和脱气→藠头汁（浆）的浓缩→藠头汁饮料的调配→杀菌→灌装。

二、操作要点

1. 原料清洗

主要是为了清除藠头原料中的砂土、灰尘和残留农药等污染物，同时也减少微生物的污染。一般采用喷水冲洗、流水冲洗、滚筒式洗涤机洗涤，然后沥干水分备用。

2. 原料挑选

藠头原料质量的好坏，直接影响成品饮料质量的高低。用于制藠头汁的原料，应选择具有一定成熟度、新鲜度的藠头，并剔除有病虫的、霉烂的藠头和杂质，去除黄叶及绿色藠头，保证一定清洁度。一般挑选是在输送带上进行，每隔一定间距安排一名操作工人在输送带旁，挑除不合格的原料或异物以及藠果中的不合格部分。

3. 藠头汁（浆）的提取

为了提高出汁率和保证汁的质量，在藠头提汁前往往要进行破碎、热烫和酶解处理。

（1）破碎　只有破坏藠头组织，使细胞壁破裂，细胞中的汁液才能流出。因此，要想获得理想的出汁率就必须对藠头原料进行破碎。注意藠头破碎要适度，破碎过粗，块形太大，则出汁情况不理想；而破碎过度，块形太小，又难以榨汁和过滤，其出汁率反而会降低。藠头破碎常用的机械有辊式磨、锤磨、打浆机等。破碎时，可根据蔬菜自身的特性选择不同类型的机械，并对破碎的蔬菜喷入适量氯化钠与维生素 C 配制的护色液。

（2）热烫处理　藠头在破碎过程中和破碎以后，由于酶的释放，酶的活性大为提高，其中多数酶，特别是多酚氧化酶和过氧化物酶，会引起藠头汁色泽的变化，因此藠头在破碎时或破碎以后，常常迅速进行加热处理。加热的目的是软化蔬菜组织，使其细胞原生质中的蛋白质凝固和酶失活，细胞膜通透性增加，果胶物质水解，降低汁液的黏度，因而提高出汁率，防止藠头汁褐变。加热温度应根据藠头汁的用途决定，一般加热温度为 60～80℃，最佳温度为 70～75℃，加热时间为 10～15min。也可采用瞬时加热方式，加热温度为 85～90℃，时间为 1～2min。通常采用管式热交换器进行间接加热。注意对于浓缩汁，藠头热烫不宜过度。

（3）菜浆酶解　菜浆用果胶酶、淀粉酶和纤维素酶、半纤维素酶处理，可促进藠头细胞中可溶性物质的抽提，降低菜浆黏度，便于榨汁和过滤，如加入菜浆重量 0.03％的果胶酶、0.06％的纤维素酶和 0.005％的淀粉酶，在夹层锅中于 50℃下处理 30min，出汁率可明显提高。另一方面，通过酶解可以有效降解果蔬组织中的果胶，以生产菜浆型饮料。使用菜浆酶制剂时，应注意与破碎后的藠头组织充分混合，根据原料品种控制其用量，根据酶性质的不同，掌握适当的 pH 值、温度和作用时间。为了防止酶处理阶段的过分氧化，通常将热处理和酶处理相结合。简便的方法是将藠头浆在 90～95℃下进行巴氏杀菌，然后冷却到 50℃

时再用酶处理，并用管式热交换器作为蕌头浆的加热器和冷却器。

(4) 打浆或榨汁　将经热烫和酶处理的菜泥进行打浆或用螺旋榨汁机榨汁，也可先打浆或榨汁后高温瞬时处理和酶处理，对风味和出汁较好。对薤白采用浸提取汁，在浸提取汁过程中，要注意用水量、浸提温度和浸提时间的选择和控制。

4. 粗滤

主要去除分散于蕌头汁中的粗大颗粒和悬浮颗粒，同时又保持蕌头原有色泽、风味和典型的香味。粗滤可以同压榨取汁同时进行，利用带有 100～150 目固定分离筛的榨汁机和离心分离式榨汁机等，也可单独采用离心机进行离心粗滤。

5. 蕌头汁的澄清和精滤

制取蕌头汁时，通过澄清和过滤，除去汁液中的全部悬浮物及容易产生沉淀的胶粒。

(1) 澄清　蕌头汁中含有细小的果肉粒子、胶状物质，是出现混浊现象的原因，必须除去。其常用的澄清方法有如下几种：

① 酶法澄清　将一定量的果胶酶制剂，均匀地混合于蕌头汁中，并让其在 40～50℃恒温下处理一定时间，使蕌头中的果胶分解、沉降，加入 α-淀粉酶处理淀粉，从而使蕌头汁澄清。采用酶法澄清蕌头汁时，必须注意加酶量、温度、pH 值和处理时间的优化组合。

② 澄清剂法　蕌头汁澄清除用酶制剂外，还应配合使用明胶、单宁、蜂蜜、硅胶等澄清剂。澄清剂也可单独使用，但多数情况下是配合使用。

另外，还有自然澄清法、加热澄清法和冷冻澄清法等，在一定的条件下，也可以采用。

(2) 精滤　为了得到澄清透明且质量稳定的蔬菜汁，澄清之后的蔬菜汁还必须经过过滤以分离其中的沉淀物和悬浮物。常用的过滤设备有袋滤器、纤维过滤器、板框压滤机、真空过滤器、硅藻土过滤器、离心分离机、超滤膜过滤器等。

6. 蕌头浆的均质和脱气

(1) 均质　均质的目的在于使蕌头浆中悬浮的粒子细微化，以防不溶性蕌头颗粒的沉淀，获得不易分离和沉淀的状态一致的蕌头浆。目前，用于蔬菜浆均质的设备，有胶体磨和高压均质机。

(2) 脱气　脱气的目的在于脱去浆内的氧气，从而防止维生素等营养成分的氧化，减轻色泽的变化，防止挥发性物质的氧化和异味的出现；除去吸附在蕌头浆悬浮颗粒表面的气体，防止装罐后固体上浮，保持良好的外观，减少装瓶时和高温瞬时杀菌时的起泡和马口铁罐内壁的氧化腐蚀。因此蕌头浆在加热杀菌前必须进行脱气处理。脱气的方法有以下几种：

① 真空脱气法　采用真空脱气机，脱气时将藠头汁泵入真空脱气机内，然后被喷射成雾状或注射成液膜，以增大藠汁表面积，使汁中气体迅速逸出、被抽去。

② 热脱气法　将藠头汁温度升至50～70℃，使空气逸出。

③ 酶法及抗氧化剂除氧　在藠头汁中加入葡萄糖氧化酶，可去除藠头汁中的溶解氧，因为这种酶是一种需氧脱氢酶。另外，还可以采用在藠头中加入抗氧化剂如抗坏血酸，并立即封罐的方法来防止氧化。

7. 藠头汁（浆）的浓缩

藠头汁含水量高，易于腐败，且贮存运输极为不便。将其浓缩后，由于去除其中的一部分水而使固形物浓度提高，相对而言，产品保存期可较长。若在冷藏条件下则保存期更长。另外，藠头汁浓缩后体积大大减小，可以节约包装，并且便于运输和贮存。其浓缩方法有真空浓缩法、冷冻浓缩法和反渗透浓缩法等，目前以真空浓缩法为最常见。

真空浓缩法即在减压条件下使藠头汁中的水分迅速蒸发，提高其浓度。真空浓缩时，温度一般控制在25～35℃，真空度控制在94.7kPa左右。这种条件比较适合微生物的繁殖和酶的作用，故藠头汁在浓缩前需进行适当的高温瞬时灭菌。

8. 藠头汁饮料的调配

为使藠头汁制品具有一定的规格，并改进风味、增加营养、改善色泽，常在藠头汁中加入糖、酸、维生素C和其他添加剂，或将不同的蔬菜汁混合，或将藠头汁与果汁混合。

藠头汁的调配，包括原汁（浆）用量的确定、糖酸比例的调整、不同果蔬汁的配比确定，以及色素和香精用量的确定等方面。在调配过程中，应注意以下几点：

(1) 符合质量标准　原汁（浆）必须符合国家规定的质量标准。

(2) 确定合适的糖酸比　藠头汁饮料中的糖酸比例是决定其口感和风味的主要因素，一般糖酸比例为16～40。藠头汁中的糖含量以调整到8%～14%为宜，有机酸含量以调整到0.1%～0.5%为宜。一般根据以下公式计算需要添加的糖液量和柠檬酸量：

$$X=W\frac{A-B}{C-A}$$

式中，X为添加浓糖液或柠檬酸的量，kg；W为藠头汁的质量，kg；A为调配后藠头汁的糖浓度或含酸量，%；B为调配前藠头汁的糖浓度或含酸量，%；

C 为浓糖液或柠檬酸的浓度，%。

（3）进行合理搭配　一般来说，果汁色泽鲜艳，芳香浓郁，富含维生素，而藠头汁色泽较淡、风味欠佳，但蛋白质、氨基酸、矿物质和膳食纤维含量较高。要合理选择果藠汁，科学地进行搭配，达到色泽、风味和谐一致，口感润滑、状态均匀。

由于选择不同的原料会产生不同的口感，选择时应注意藠头、水果的搭配，制作果蔬汁时最好选用两三种不同的水果、蔬菜，搭配组合，可以达到营养物质均衡，美味可口，因为饮用多种果蔬汁要比饮用单一果汁更加营养，口感也更为丰富。

9. 杀菌

藠头汁杀菌的目的，主要是消灭微生物，达到商业无菌，其次是钝化酶的活性。杀菌的方法主要有：巴氏杀菌法，即将藠头汁置于 80～85℃的温度条件下，保持 30min；高温瞬时杀菌法，即将藠头汁泵入高温瞬时杀菌器，快速加热至汁温达（93±20)℃，维持 15～30s。这两种方法，主要适用于酸性和高酸性藠头汁，并结合无菌包装。而对于低酸性藠头汁，可采用超高温瞬时杀菌（在 120℃以上的温度下保持 3～5s)，并结合无菌包装。

10. 灌装

藠头汁在杀菌、装罐时，要尽量避免与空气接触，否则藠头汁会氧化变色，同时汁的香味及营养成分也会受到损失。藠头汁常用无菌灌装系统进行灌装，杀菌后趁热灌制或调配好的藠头汁灌制后杀菌。藠头汁的包装方法，因汁液品种和容器种类而有所不同。常见的有纸容器、蒸煮袋、塑料瓶、玻璃瓶与铁罐等。

一般藠头汁饮料制品宜保存在 4～5℃的环境中，以减少不良变化的发生。

第三节　复合藠头汁饮料加工技术

复合果蔬汁饮料是以不少于两种蔬果汁（浆）、浓缩蔬果汁（浆）、水为原料，添加或不添加其他食品原辅料和（或）食品添加剂，经加工制成的制品。为丰富市场，充分利用藠头的营养价值，可加工制成具有防病健身功效、风味独特、植物纤维含量高等特点的以藠头为原料的复合藠头汁饮料，其加工方法如下：

一、复合藠头汁饮料加工

1. 原辅料

（1）原料　新鲜藠头，红枣。

（2）甜味剂　甜味剂为糖类甜味剂或非糖类甜味剂，可为蔗糖（白糖）、果糖、葡萄糖、淀粉糖、麦芽糖醇、甘草、甜叶菊、环己基氨基磺酸钠（甜蜜素）之中的一种或两种以上。

（3）酸味剂　柠檬酸、苹果酸、食用乳酸、酒石酸、醋酸、食品级磷酸。

（4）增稠剂　羧甲基纤维素钠、羧甲基淀粉、木薯淀粉、甲基纤维素。

2. 配料与加工方法

配方由以下原料按质量分数组成：藠头 2～10 份，红枣 5～12 份，甜味剂 1～5 份，水 60～90 份。还可加入酸味剂 1～3 份和/或增稠剂 0.3～0.5 份。不同的配方与加工方法如下：

（1）取新鲜藠头 15kg 洗净，去根叶，绞碎取浆 8kg，备用；取红枣 7kg，绞碎可得枣泥 8kg，加水 1kg；藠浆、枣泥置入 85kg 无菌水中，均匀浸润 45～60min；过滤得植物汁 92kg，加入白糖 5kg，搅拌均匀，高温消毒，灭菌罐装。

（2）取新鲜藠头 15kg 洗净，去根叶，绞碎取浆 8kg，备用；取红枣 7kg，绞碎可得枣泥 8kg，加水 1kg；藠浆、枣泥置入 85kg 无菌水中，均匀浸润 45～60min；过滤得植物汁 92kg，加入白糖 5kg、柠檬酸 1kg、羧甲基纤维素钠 0.5kg，搅拌均匀，高温消毒，灭菌罐装。

（3）取新鲜藠头 15kg 洗净，去根叶，绞碎取浆 8kg，备用；取红枣 8kg，绞碎可得枣泥 8kg，加水 1kg；藠浆、枣泥置入 90kg 无菌水中，均匀浸润 45～60min；过滤得植物汁 92kg，加入白糖 5kg、乳酸 3kg，搅拌均匀，高温消毒，灭菌罐装。

（4）取新鲜藠头 15kg 洗净，去根叶，绞碎取浆 8kg，备用；取红枣 10kg，绞碎可得枣泥 8kg，加水 1kg；藠浆、枣泥置入 85kg 无菌水中，均匀浸润 45～60min；过滤得植物汁 92kg，加入白糖 3kg、果糖 2kg、柠檬酸 1kg、木薯淀粉 0.5kg，搅拌均匀，高温消毒，灭菌罐装。

（5）取新鲜藠头 2kg 洗净，去根叶，绞碎取浆 2kg，备用；取红枣 5kg，绞碎可得枣泥 6kg，加水 1kg；藠浆、枣泥置入 60kg 无菌水中，均匀浸润 45～60min；过滤得植物汁 62kg，加入白糖 4kg、环己基氨基磺酸钠 1kg、酒石酸 1kg、羧甲基淀粉 0.1kg，搅拌均匀，高温消毒，灭菌罐装。

二、复合小根蒜汁饮料加工

用小根蒜汁与红枣、山楂混合制作保健饮料，有降血脂、防止动脉粥样硬化、防癌、防衰老等功效。

1. 原料

藠头，红枣，山楂，蜂蜜，纯净水。

2. 工艺流程

小根蒜汁→加入红枣、山楂提取汁→加入蜂蜜、纯净水等调料→混合搅拌→装瓶杀菌→成品。

三、复合薤白汁保健饮料加工

复合薤白汁饮料所用原料藠头或小根蒜的干燥鳞茎可入药，中医学称为薤白，性温、味苦辛，功能通阳散结，主治胸痹心痛、泻痢等症；所用原料红枣，含有有机酸、微量元素，性温、味芳香淳厚，亦可入药，功能补血健胃，长期饮用可防病健身，尤对人体消化系统有所裨益。复合薤白汁饮料是一种高植物纤维饮品，植物纤维含量不低于5%。该饮料无任何香精、着色剂，但香味浓郁、纯正天然、风味独特，亦可舒缓身心，可作代酒饮品，但不含酒精。

取新鲜藠头或小根蒜16kg，洗净，去根叶，用沸水或蒸汽煮透，放置烘干机内烤干，或日光下晒干，或置干燥通风处自然风干，得薤白3～5kg，置入5～7kg水中沸煮60～70min，冷却过滤得汤汁3～5kg，备用。称取红枣6～8kg，绞碎取汁，和薤白汤汁同时置入90kg无菌水中，再加入白糖5kg，柠檬酸1kg，木薯淀粉0.5kg，搅拌均匀，灭菌罐装。

第四节　发酵藠头汁饮料加工技术

发酵藠头汁饮料（包括藠头醋饮料）是以藠头、藠头汁（浆）或浓缩藠头汁（浆）经发酵后制成的汁液、水为原料，添加或不添加其他食品原辅料和（或）食品添加剂的制品。发酵藠头饮料是集营养、食疗、保健为一体的健康饮品，包括藠头酵素、藠头醋饮料等。

一、发酵藠头汁饮料加工

发酵藠头汁饮料是以新鲜藠头或藠头汁为基质通过接种有益微生物发酵所得的汁液，经过调配而获得的制品。乳酸菌发酵产物可以改善藠头汁的风味，防止藠头汁变坏，延长其保质期，使原料风味与发酵风味浑然一体，且营养丰富，颇受消费者欢迎。

1. 工艺流程

藠头汁（浆）乳酸发酵饮料生产的工艺流程是：

原料选择→原料处理→制浆或榨汁→杀菌→发酵→调配→脱气和均质→灌装杀菌→成品。

2. 操作要点

(1) 原料选择　为了提高发酵藠头汁饮料的风味，提高营养价值，应选用几种质地、色泽相近的果品、蔬菜混合制汁，进行发酵生产。

(2) 原料处理　清洗、拣选、去粗皮、去绿色叶片，沥干明水。

(3) 制浆　采用打浆机（质地较软的蔬菜）或螺旋连续榨汁机（质地较硬的蔬菜）来制浆。然后再用胶体磨磨细，这样可保证浆汁的细度。

(4) 杀菌　对混合后的蔬菜汁加热杀菌，最好使用板式热交换器实施。瞬时杀菌温度可控制在95～100℃。杀菌后，应实行快速降温。

(5) 发酵　乳酸菌的主要作用是产酸、生香、脱刺激味和改善营养，赋予饮料以特殊的风味。藠头汁乳酸发酵制造工艺有自然发酵法和接种乳酸菌发酵法。

① 自然发酵法　可采用盐渍藠头或盐水渍藠头，发酵后用榨汁机榨汁，亦可将藠头榨汁打浆后让其自然发酵。然后再离心分离、脱气、85℃巴氏杀菌、冷却至室温、灌注和4℃保存。

② 接种乳酸发酵法　采用人工添加乳酸菌发酵可以做到迅速而连续地进行蔬菜果浆泥乳酸发酵作业。清洗、拣选、去粗皮和绿色叶片，破碎，果浆泥加热至105～110℃，短时保温，冷却至35～45℃。将果浆泥泵入容器，添加肠膜明串珠菌、乳酸片球菌等乳酸菌种混合共同发酵。接种时，将蔬菜汁总量5%的乳酸菌种培养液（种液菌数为1.1×10^8个/mL左右）加入蔬菜汁中并搅拌，然后封缸发酵。发酵温度在30～35℃之间。必要时可在汁中加入5%的葡萄糖和3%～5%的脱脂奶粉，以补充乳酸菌所需的碳源和氮源，使发酵液风味更好。经10～24h，只要蔬菜果浆泥的pH下降至3.8～4.2，即当发酵液的酸度达1.5%左右（菌数约在4×10^8个/mL）时，可视为发酵终止。立即将果浆泥进行榨汁，然后将榨得的乳酸发酵藠头原汁离心分离，脱气，85℃巴氏杀菌，冷却至室温，无菌灌注并在4℃保存。

(6) 调配　在发酵液中添加糖和香料，调整其糖度，使之达到8%～12%，酸度达0.3%～0.5%。加入的稀释水必须是无菌水，必要时可加入稳定剂。

(7) 脱气和均质　用真空脱气法脱气。在25～35MPa的压力下，进行均质处理。

(8) 罐装与杀菌　将均质后的藠头发酵汁，泵入灌装机装罐，压盖，并进行85℃巴氏杀菌，冷却后即为成品。如饮用活菌藠头发酵汁，装罐后可放入4℃的温度环境中冷藏保存。

二、发酵果藠汁饮料加工

取新鲜藠头 16kg，清洗后腌渍 2～3 个月；取出修整，脱盐（低盐水漂脱或电解析脱盐，脱盐后，含盐量不超过 1%），绞碎取浆，过滤得汁备用；取红枣 8kg 绞碎置入 10kg 无菌水中浸润、过滤得汁，与藠汁同时置入 70kg 无菌水中，再加入苹果酸 1kg、甲基纤维素 0.5kg，搅拌均匀，洗净高温消毒，灭菌罐装。

三、藠头酵素加工

食用酵素是以植物为原料，添加或不添加辅料，经微生物发酵制得的含有特定生物活性成分的产品，可调理肠胃，利于健康。根据藠头特性，宜制成果蔬复合发酵酵素。

1. 藠头酵素加工操作要点

（1）食材的选用　藠头和水果应选用完好的、没有破损或者腐烂的，清洗以后，沥干食材上的水分。水果尽量别去果皮，如皮带苦味的则应去皮，去核后切成小块备用，藠头不用切开。不同酵素的作用和口感与水果、蔬菜种类有关，不同水果、蔬菜的搭配会有不同的营养功能效果。

（2）糖的选用　制作酵素用糖可选择红糖、冰片糖，条件允许可用蜂蜜。

（3）容器的选用　制作酵素可用有盖子的玻璃容器，容积在 2L 以上，既可以随时观察发酵的情况，又方便打开盖子随时操作。盖子不要拧太紧，因为发酵过程中会有气体产生，需要打开适当放一放气体。也可用塑料桶，不会因为气体膨胀而破裂。工厂生产用可自动排气的发酵罐。

（4）消毒　注意制作过程的卫生，各种器具和操作人员的手都要反复清洗，为了确保酵素不污染不发霉，可在使用之前把刀、菜板、罐子和盖子都用开水烫洗，消毒风干备用，或把器具放在高压锅里消毒。

（5）糖的比例　在加工之前，要确定好糖的比例，因为高浓度的糖可以抑制酒精发酵，防止酵素变成果酒。把红糖（或蜂蜜）、果蔬、水，按照 1∶3∶10 的质量比准备好，把冷开水和红糖（或蜂蜜）加入罐子搅拌后再放果蔬，之后将盖子拧紧。注意三者的总体积不宜超过容器体积的 80%，容器要留下一定的空间以供发酵。

（6）发酵　把容器密封好，放在阴凉处如果看到容器有胀气现象，打开放气，让气体流通。放置最少 3 个月，时间越长越好。发酵过程中应注意把握好温度，不要过热或者过冷，通常保持在 20～30℃ 为宜。发酵的第一个月要摇摇罐子或用木勺、塑料勺搅拌，以便能够充分发酵；适时放出内部产生的气体，注意千万不要将盖子拧太紧，以防容器胀裂。经过3～6个月发酵，pH低于4，散发出很香的气味，酵素制成。

(7) 澄清、过滤　倒出时，拿滤网把碎渣过滤。

(8) 装罐与杀菌　将澄清、过滤后的藠头酵素，泵入灌装机装罐，压盖，并进行85℃巴氏杀菌，冷却后即为成品。如饮用活菌藠头酵素，装罐后可放入4℃的温度环境中冷藏保存。

2. 产品质量标准

原辅料应符合相应国家标准或行业标准的规定。酵素产品具有产品应有的色泽、滋味、气味，理化指标、食品安全指标应符合T/CBFIA 08003—2017《食用植物酵素》的规定。

3. 藠头酵素生产过程质量安全控制

(1) 总体要求　应符合GB 14881—2013《食品安全国家标准　食品生产通用卫生规范》和GB 12695—2016《食品安全国家标准　饮料生产卫生规范》的有关规定。工厂应制定相应的生产操作规程，生产作业中的任何操作程序不得对产品加工过程有污染。生产过程应做好记录，并规定记录存留时间，负责人需定期对记录进行审核。

(2) 原辅料管理

① 原料处理过程中接触的容器和工器具应清洁卫生，使用前后应进行清洗。

② 应去除受损或腐烂的原料，确保发酵产物中成分符合国家有关规定。

③ 按照原料处理操作规程进行操作并做好记录，内容应包括原料入罐时间、品种、入罐量和采取的工艺措施、使用的辅料及加入量等。生产负责人或工艺管理人员应定期对记录进行检查，应书面规定记录的留存时间。

④ 食用酵素进行菌种扩培培养基配制、冷藏、非生物稳定性处理过程中使用的加工助剂应符合相关规定。

(3) 发酵过程控制

① 应对发酵车间进行清洁处理，对发酵过程中使用的仪器设备、容器进行消毒处理，确保发酵车间清洁卫生，防止杂菌生长。

② 若采用纯种发酵，所使用的发酵菌种应符合可用于食品的菌种的规定，菌种管理应制定严格的操作制度，菌种保存、扩大培养应按照规定严格执行。若采用群种发酵，应严格遵守企业工艺规程进行操作，确保发酵产物符合食品的有关规定。

③ 应按照企业食用酵素发酵工艺规程进行操作并记录，包括菌种使用、工艺措施、使用的原辅料、加入量、加入时间等。

(4) 发酵料液后处理

① 发酵料液澄清、过滤过程中使用的仪器设备应清洁卫生，使用前进行消毒处理。

② 应按照企业食用酵素发酵料液的澄清、过滤工艺规程进行标准操作并记录，包括相关设备运行参数的记录。

(5) 酵素原液标准化

① 用于原液存放的容器应清洁卫生，使用前应进行消毒处理。

② 进行标准化工艺时应防止杂菌污染。

③ 按照企业制定的工艺规程进行操作并记录，包括工艺措施、加入量、加入时间等。

(6) 酵素灌装和包装

① 过滤工序和灌装工序的墙壁、地面以及设备、工器具应保持清洁，防止污染。

② 定时或按需对灌装机进行清洗、检验，防止污染。

③ 按照企业灌装工艺规程进行操作并记录，并由负责人审核、留存。

(7) 生产过程的产品安全控制　应按照 GB 14881—2013《食品安全国家标准　食品生产通用卫生规范》相关规定执行。

四、发酵藠头制醋加工

藠头生产过程中，盐渍藠头出池后要去皮、分切，分级，保留部分仅40%～50%，其余的50%～60%作为下脚料处理，而这些下脚料其实只是颜色较深、纤维素含量高、不够脆嫩，其含有大量有用成分；而且藠头是经过盐渍、厌氧发酵而成，其中主要是乳酸菌发酵，因而藠汁中不挥发酸（尤其是乳酸）的含量相当高。利用盐渍藠头及其皮渣酿造藠头醋工艺流程如下：

1. 工艺流程

大米→浸泡→粉碎→液化→糖化→大米糖化液。

藠头→浸泡（脱盐）→榨汁→巴氏杀菌（80℃，5～7min）→加大米糖化液混合（7°Bé 左右）→酒精发酵（后酵）→醋酸发酵→调配→过滤澄清→杀菌→检测→成品。

2. 操作要点

(1) 大米糖化液的制备　大米冲洗 2 次、浸泡 2～4h→2.5∶1（水∶大米）磨浆、调浆至 4∶1→加入 $CaCl_2$、$MgCl_2$ 各 0.1%，用冰醋酸和 Na_2CO_3 调 pH 值至 6.2～6.4→加入 1%液化酶→加热至 90～95℃液化约 20～30min→降温至60℃，调 pH 值为 4.5～5.0→加入 1%糖化酶→保温糖化 6～8h（至碘显色反应不再为蓝色)。

(2) 浸泡脱盐　因为在醋酸发酵环节醋酸菌的耐盐性有限，挑选干净的盐渍藠头用水浸泡15～30min脱盐，含盐量降为2%～3%。

(3) 压榨　藠头浸泡后用榨汁机打汁。其中加入藠头重3倍的水。打汁后过滤，取滤液。将其装入容器中，进行巴氏杀菌(80℃、5～7min)。

(4) 酒精发酵　按0.1%的量称取干酵母进行活化。用2%糖水(35～40℃)复水15～20min(也可以直接放入蔗糖)，然后温度降至34℃以下，活化1～2h，即可使用。

大米糖化液与藠头汁以2∶1混合，调至7°Bé左右。加活化后酵母液于料液中敞口搅拌2h左右，待有小气泡从缸底不断冒出，测定料液的初始糖度。用保鲜膜封口，放置32℃恒温下进行无氧发酵，每隔24h测定糖度和酒精度。当酒精度上升至5%左右，缩短每次测定时间的间隔，直至酒精度保持稳定。糖度下降至0.5g/100mL左右，终止酒精发酵。

(5) 醋酸发酵　将发酵好的藠头酒液(酒精度为4.5%，糖度为0.5g/100mL)装入容器中，装料量为容器的1/4，然后按10%的接种量加入醋酸菌扩大培养液。在32℃下进行醋酸发酵，醋酸菌将醪液中的酒精氧化为醋酸。测定酸度的变化，找到酸度最高点，待连续2次下降，终止发酵。

(6) 调配　按产品质量要求，将藠头醋、辅料等按照一定比例溶解后搅拌均匀。检测总酸、藠醋含量、维生素C，与标准指标对照并进行校正。

(7) 过滤澄清　为了提高藠头醋的稳定性和透明性，将调配好的半成品，倒入过滤机中，用硅藻土对其进行过滤，并观察口感、色泽、组织形态是否合格。

(8) 杀菌

① 杀菌灌装　经检验合格的物料加入超高温灭菌机杀菌，达到商业无菌。杀菌后的原料经过管道，借助原料自身重力注入瓶中。

② 封口　灌装好的瓶，经传送带送至封口机处进行封口，并检查封口密闭性。

③ 倒置杀菌　封盖后的半成品，迅速通过倒瓶系统，时间为40s左右。经封口的瓶内料液利用自身的余热对瓶的顶部空气、瓶盖和瓶壁再次杀菌。

④ 喷淋　瓶子通过输送带进入喷淋冷却装置，用凉水对其进行冷却，使瓶子冷却至40℃以下。

(9) 检测　经喷淋冷却后的瓶子经过灯检处，倒立瓶体，观察瓶中是否有絮状物、黑渣等影响产品感官的杂质。

(10) 成品　检测合格后的瓶经传送带送至喷码机，进行喷码，最后贴标签装箱，即为成品。

3. 产品质量标准

（1）感官指标　色泽呈浅黄色，清亮透明；无明显悬浮物，无沉淀物；醇厚丰满，具有藠头的风味，酸味柔和不刺激，无不良气味。

（2）理化指标　总酸（以醋酸计）≥2.5g/100mL；酒精度（以乙醇计）≤0.5%（体积分数）；还原糖（以葡萄糖计）≤0.50g/100mL。

（3）微生物指标　细菌总数≤50cfu/mL；大肠菌群≤3MPN/100mL；致病菌不得检出。

4. 加工关键控制点

（1）原料验收　对盐渍藠头及下脚料进行腐烂、杂质检查，凡不合格一律拒收。

（2）浸泡脱盐　盐的含量对醋酸菌的生长有一定的影响。浸泡时间短，高盐度对醋酸菌的抑制作用显著，会严重影响醋酸发酵；浸泡时间长，藠头中可溶性成分会流失太多，对风味造成影响。浸泡时间以15～30min为好，此时藠头的盐度为1.7～2.0g/100g，经过加水榨汁和用大米糖化液调配可以将盐度控制在1.5g/100mL，基本达到醋酸菌所能耐受的盐度范围，而且可溶性成分流失不大。

（3）酒精发酵　室内空气消毒，发酵罐清洗按卫生标准操作程序规范操作，检查发酵罐密封性，控制发酵温度、时间。

（4）醋酸发酵　藠头中含有较高的盐分和一些抑菌成分，两者对醋酸菌均有明显的抑制作用。需要加入优良的醋酸菌种，同时注意做好醋酸发酵温度、时间、通 O_2 情况记录，以便验收。

（5）罐装　瓶子清洗、消毒、彻底无异物，然后装瓶。

（6）超高温瞬时灭菌和热灌装　专人负责超高温灭菌机的操作，注意灭菌温度、出料温度。热灌装时注意渗透实验以便查其密封情况。

（7）冷却　冷却有倒吸水入包装瓶的现象，注意控制水中微生物以免再次污染，注意冷却水中有效氯的含量约0.0035%即可，每天检测水中有效氯量。

五、勾兑藠头醋加工

勾兑藠头醋由藠头经打浆发酵后再浓缩成藠头浓缩汁，与现有普通酿造食醋勾兑而成，其勾兑比例是发酵藠头浓缩汁：醋为1：5。产品不仅保留了藠头的生理功效，又增添了食醋的鲜味，还有保健功效。产品香味浓郁，口感好，丰富了藠头在食品领域的应用范围，满足了人们的饮食需求。

第五节　藠头饮料制品加工质量安全控制技术

一、藠头汁饮料生产常见质量问题与控制

如果加工工艺控制不好，藠头菜汁及其饮料在贮藏、运输和销售过程中，经常会出现一些质量问题，如致病菌、毒素、农药残留等已日益受到重视，只有建立良好的生产规范（GMP）和危害分析及关键控制点（HACCP）管理才能有效地防止这些问题。

1. 败坏

藠头汁败坏常表现为表面长霉、发酵和变酸，同时产生 CO_2 及醇，或因产生醋酸而败坏，这主要是由于细菌、酵母菌和霉菌的危害导致的。细菌中常见的是乳酸菌、醋酸菌、丁酸菌，它们能在嫌气条件下迅速繁殖，对低酸性藠头汁具有极大的危害性。酵母菌会引起藠头汁发酵产生大量 CO_2，发生胀罐，甚至会使容器破裂。耐热性的霉菌破坏果胶，引起藠头汁混浊，分解原有的有机酸，产生新的异味酸类，从而导致风味恶化。

防控措施：采用新鲜、无霉烂、无病虫的果藠原料；注意原料的洗涤消毒；严格进行车间和设备、管道、工具、容器等的消毒，缩短工艺流程的时间；藠头汁灌装要严密；杀菌要彻底。

2. 变味

藠头汁饮料能否受消费者的欢迎，关键在于贮运、销售过程后是否具有良好风味。

（1）变味原因

① 加工方法不当和贮藏环境条件不适宜；

② 加工时过度的热处理会明显影响藠头汁饮料的风味；

③ 调配不当，不仅不能改善饮料风味，而且还会影响其风味；

④ 加工和贮运过程中发生的各种褐变反应也会使风味下降；

⑤ 加工和贮运过程中，设备和罐壁的腐蚀，会使饮料产生金属味。

（2）防控措施

① 不同的果藠原料运用不同的处理方法；

② 适当控制加热的温度和时间；

③ 适当降低贮藏的温度；

④ 调配得当，不使用非不锈钢容器盛装饮料。

3. 变色

藠头汁出现变色主要是酶促褐变和非酶促褐变引起的。

（1）酶促褐变　主要发生在榨汁、粗滤、泵输送等工序过程中。由于藠头组织破碎，酶与底物的区域化被打破，所以在有氧气的条件下，藠头中的氧化酶如多酚氧化酶催化酚类物质氧化变色。主要防控措施有：加热处理尽快钝化酶的活性；添加有机酸如柠檬酸抑制酶的活性；隔绝氧气，使产品处于无氧环境和采用密闭连续化管道生产。

（2）非酶褐变　发生在藠头汁的贮藏过程中，这类变色主要是由还原糖和氨基酸之间的美拉德反应引起的。主要防控措施是：防止过度的热力杀菌和尽可能地避免过长的受热时间；浓缩汁控制 pH 在 3.3 以下；在 4～10℃低温、避光贮藏。

4. 混浊与沉淀

藠头汁产品要求澄清透明，藠头浆产品则要求均匀混浊，但藠头汁生产后在贮藏销售期间，常出现混浊与沉淀等异常现象。

（1）藠头汁混浊与沉淀原因

① 加工过程中杀菌不彻底或杀菌后微生物再污染，由于微生物活动并产生多种代谢产物而导致混浊与沉淀；

② 澄清时汁中的悬浮颗粒以及易沉淀的物质未充分去除，在杀菌后贮藏期间会继续沉淀；

③ 加工用水未达到饮用水标准，带来混浊和沉淀杂质；

④ 设备内壁腐蚀，金属离子与汁中的物质发生反应产生沉淀；

⑤ 调配时所用的糖以及其他添加剂质量差，也可能会产生沉淀。

（2）藠头浆沉淀与分层原因

① 藠头浆中残留的果胶酶分解果胶，使汁液黏度下降，引起悬浮颗粒沉淀；

② 微生物繁殖分解果胶，并产生沉淀物质；

③ 加工用水的盐类与浆中的有机酸反应，破坏体系的 pH 和电荷平衡，引起胶体和悬浮物的沉淀；

④ 浆中所含的果肉颗粒太大或大小不均匀，在重力的作用下沉淀；

⑤ 浆中的气体附着在果肉颗粒上时，使颗粒的浮力增大，引起分层；

⑥ 浆中果胶含量较少，但又未添加其他增稠剂，体系的黏度低，导致颗粒因缺乏浮力而沉淀。

（3）防控措施　对于藠头汁而言，在加工过程中严格澄清、过滤和提高杀菌质量是减轻藠头汁混浊与沉淀的关键所在；而对于藠头浆而言，在打浆前后对原料和菜浆进行加热处理，破坏果胶酶的活性，严格按照均质、脱气和灭菌操作要求操作，是防止菜浆沉淀和分层的主要措施，通过均质处理细化藠头浆中悬浮粒子，添加一些增稠剂（一般都是亲水胶体）提高产品的黏度等措施保证产品的稳定性。

5. 农药残留

农药残留也是国际贸易中非常重视的一个问题，已日益引起消费者的注意，其主要来自藠头汁原料本身，是由于菜园或田间管理不善，滥用农药或违禁使用一些剧毒、高残留农药造成的。通过实施良好农业规范（GAP），加强菜园或田间的管理，减少或不使用化学农药，生产绿色或有机食品，完全可以避免农药残留的隐患；藠头原料清洗时根据使用农药的特性，选择一些适宜的酸性或碱性清洗剂也能有助于降低农药残留。

二、藠头汁饮料生产危害分析与关键控制点(HACCP)

目前已开发的藠头饮品，保持了原菜的色、香、味，且低脂肪、低热量、高纤维，富含维生素和多种矿物质，特别适合高血压、血管硬化及冠心病患者饮用，具有良好的保健作用。但藠头饮料的质量安全问题如产品刺激性味道、农药残留、密封不严、杀菌不彻底等不容忽视，需通过危害分析和关键控制点分析在藠头汁饮料生产中的应用加以控制。

1. 藠头汁饮料生产中的危害分析与预防措施

对藠头汁饮料生产过程各工序中的生物危害、化学危害和物理危害逐一进行分析，并提出显著危害的预防措施，藠头汁饮料生产中的危害分析详见表 7-3。

表 7-3　藠头汁饮料生产中的危害分析

加工步骤	危害分析	是否显著	判断依据	预防措施	是否关键控制点
藠头验收	B：细菌、酵母菌、霉菌、寄生虫	是	藠头菜表面可能存在细菌、酵母菌、霉菌和寄生虫	清洗、杀菌	是
	C：农药残留、重金属	是	生长过程中受农药及土壤、水中有害物质的污染	供应商提供检测报告	是
	P：金属、玻璃碎片、石块等	是	采收、运输和贮藏中混入	水中清洗浮选	否
清洗	B：微生物	是	水被污染	SSOP 控制	否
	C：消毒剂残留	是	水中氯离子浓度过高	SSOP 控制	否
	P：泥沙等	是	原料中存在	充分清洗	否

续表

加工步骤	危害分析	是否显著	判断依据	预防措施	是否关键控制点
挑选	B：细菌、霉素、寄生虫	是	操作者和环境污染	SSOP 控制	否
	C：霉菌毒素	是	腐烂菜挑出不彻底	认真挑选	否
	P：金属、玻璃碎片、石块等	是	原料中带入	认真挑选	否
热烫	C：重金属、残留碱液	是	碱中带入、漂洗不充分	充分漂洗	否
榨汁打浆	B：微生物	是	设备污染	SSOP 控制	否
	C：带入杂质	是		调整好设备	是
粗滤	B：微生物	是	设备污染	SSOP 控制	否
澄清精滤	B：微生物	是	水源污染、设备污染	SSOP 控制	否
	C：添加剂、洗涤剂残留	是	超量使用	SSOP 控制、CIP 清洗	否
	P：大颗粒菜肉粗皮	是	滤网的破损	定期检查和更换	否
均质脱气	B：微生物	是	设备污染	SSOP 控制	否
调配	B：微生物	是	辅料变质、未达食用标准，设备污染，搁置时间太久	辅料供应商的检验合格证，缩短调配时间	否
	C：糖、盐、酸、添加剂等用量不合标准	是	糖、盐、酸添加剂的用量	严格按产品质量要求确定糖、盐、酸、添加剂的用量	否
	P：异物	是	过滤失效或操作失误	严格按操作规程操作	否
超高温瞬时杀菌	B：致病菌、腐败菌	是	杀菌强度不够	SSOP 控制	是
灌装	B：致病菌、腐败菌	是	设备污染、灌装瓶未清洗干净、灌装温度不够	SSOP 控制	是
倒置杀菌	B：致病菌、腐败菌	是	倒置时间不够，温度太低，瓶盖未清洗干净	SSOP 控制	是
冷却	B：致病菌、腐败菌	是	瓶盖密封不严	冷却后检查真空度	否

注：B—生物危害；C—化学危害；P—物理危害；SSOP—卫生标准操作程序。

（1）生物危害及预防措施

① 生物危害　包括腐败性细菌、致病菌、酵母菌、霉菌等。主要来源：不

洁的原料；原料贮运过程中的污染与变质；配料污染，如水、蔗糖、稳定剂等；加工环境的污染，如加工车间、设备等较差，车间温度过高和加工流程时间过长等；加工人员的污染；包装材料杀菌不彻底，如瓶子、瓶盖或包装纸盒等清洗不够；产品杀菌强度不够，如杀菌的温度和时间不够；瓶盖密封结构没有达到标准要求，造成产品二次污染。

② 预防措施　对原料进行彻底清洗，去杂、去除表面污物，认真对原料进行挑选，剔除烂菜等；注意贮运条件的卫生；生产用水必须符合 GB 5749—2006 标准要求；具体操作过程还要结合良好生产规范（GMP）及卫生标准操作程序（SSOP）进行；定期检查产品的密封结构，产品出厂前进行真空度检查。

（2）化学危害及预防措施

① 化学危害　包括农药残留、重金属、亚硝酸盐、霉菌毒素等。其来源有：农药残留和重金属主要来源于防治病虫害不合理施用的农药；设备清洗和消毒时使用的清洗剂、消毒剂等也会造成重金属的残留；亚硝酸盐来源于土壤中过多施用的化肥，藠头腌制过程中也会产生少量亚硝酸盐；藠头贮存不当霉变后会产生霉菌毒素；

② 预防措施　采用农药残留、重金属、硝酸盐含量检测合格的新鲜藠头作为生产原料；采用无毒的清洗剂、消毒剂，并做好设备的冲洗和藠头的漂洗；在打浆过程中，调整好打浆机的各项参数，采用适当的打浆速度和刮板与筛网间的间距。

（3）物理危害及预防措施

① 物理危害　主要为原料或加工过程中带入的泥沙、玻璃碎片、金属异物等。

② 预防措施　物理危害主要是原料清洗、挑选不彻底而带入的物理杂质，生产过程有可能带入因玻璃瓶破碎产生的碎玻璃，调配时辅料中也有可能带入物理杂质。在生产的全过程中，要严格按 SSOP 操作。

2. 关键控制点及其关键限值与纠偏措施

藠头汁饮料加工中关键控制点的关键限值与纠偏措施，详见 HACCP 计划表（表 7-4）。

表 7-4　藠头汁饮料生产的 HACCP 计划表

关键控制点	显著危害	关键限值	监控				纠偏措施	记录	验证
			内容	方法	频率	人员			
藠头验收 CCP1	微生物、农药残留、重金属	破菜烂菜率≤3%，农残与重金属指标符合标准要求	破菜烂菜率、农残与重金属指标	检查破菜烂菜率、农残普查合格证、检测报告单	每批	检验员	不合格拒收	藠头菜验收记录，标准、检验报告和合格证接收记录	检查每批记录，产品进行化学检测

续表

关键控制点	显著危害	关键限值	监控				纠偏措施	记录	验证
			内容	方法	频率	人员			
榨汁打浆CCP2	带入杂质	藠头的杂质率≤2%	藠头杂质率	计算杂质率	生产初期，设备调试时，稳定时每小时1次	设备操作员	调整设备	藠头杂质率检验记录	检查每批检验记录
超高温瞬时杀菌CCP3	致病菌和腐败菌	杀菌温度≥120℃，杀菌时间3～5s	杀菌温度和时间	检查自动记录仪表	全程	杀菌操作员	回流重灭并调整灭菌温度和时间设置	超高温瞬时灭菌记录	检查每批记录，产品进行商业无菌检验，仪器仪表定期校对
灌装CCP4	致病菌和腐败菌	灌装温度≥85℃	灌装温度	观察灌装显示温度	全程	灌装操作员	回流加热	灌装温度记录	检查每批记录，检测产品真空度
倒置杀菌CCP5	致病菌和腐败菌	倒置时间≥5min	倒置时间，瓶、盖的杀菌强度	测试倒置时间和瓶、盖的杀菌效果	每班测1次	操作员	调整倒置时间和瓶、盖的杀菌强度	倒置时间记录和瓶、盖的杀菌记录	检查每批记录，产品商业无菌检验

（1）藠头验收　藠头中可能存在生物、化学危害因素，因此，对藠头破菜和烂菜的数量要进行控制，其占比不得高于3%；藠头供应地应提供藠头的农药残留和重金属的检测报告；藠头的其他指标应符合标准要求。对不符合要求的一律拒收，并填写纠偏措施记录。

（2）榨汁打浆　藠头尾部存在叶绿素物质，在打浆过程中若藠头尾部叶绿素被打破，会给产品颜色带来影响。因此，要严格控制打浆工序，调整好打浆设备，控制绿色产品占比不得高于2%。

（3）超高温瞬时灭菌　超高温瞬时灭菌是对藠头汁产品的主要灭菌方法。灭菌时要严格控制灭菌温度≥120℃，灭菌时间在3～5s。若偏离其关键限值，操作现场应及时调节灭菌温度和灭菌时间，并将还没有进入下道工序的藠头汁回流重新杀菌。对偏离关键限值期间生产出的产品，必须隔离放置，微生物检验和保温检验合格后方可放行。

（4）灌装　此关键控制点主要是菜汁温度和保证瓶内一定的顶隙度。灌装的温度为85℃以上，瓶内的顶隙度控制在10mm左右。当偏离其关键限值时，应暂停灌装并及时调整菜汁温度，对在失控期间生产出的产品必须重新灌装。

（5）倒置杀菌　利用菜汁温度对瓶的顶部空气、瓶盖和瓶壁杀菌，主要是消除生物危害。由于藠头菜汁的 pH 值在 3.7～4.0 范围，关键限值是瓶内菜汁温度≥85℃，倒置时间≥5min。且对瓶子和瓶盖在灌装密封前的消毒杀菌条件要严格控制。纠偏措施是调整瓶子和瓶盖的消毒杀菌条件、倒置杀菌的运行状态。

3. HACCP 的监控记录

在 HACCP 体系运行过程中，应严格按照 HACCP 计划表的要求执行生产管理并做好监控记录，包括原始验收记录、调配操作记录、超高温瞬时灭菌记录、灌装记录、纠偏记录、验证活动记录、产品质量检测记录以及卫生标准操作程序（SSOP）文件中的车间人员记录、工器具卫生记录、机械设备记录、环境卫生记录等。车间检测员、质检部每天对 HACCP 相关监控记录进行检查；HACCP 审核小组定期对 HACCP 体系的运行状况进行审核，对不合格项制定出纠偏措施，制定或修订相应的体系文件，以保证 HACCP 体系的持续改进和不断完善。

第八章

藠头功能成分提取与质量安全控制

藠头加工产品综合开发利用，是藠头生产增值增效的重要途径。但目前藠头加工产品单一，综合开发利用不够深入。一方面，应充分利用藠头加工废弃的大量叶、鳞茎皮和根资源，生产藠头醋、辣味藠头酱、藠头素等，减少污染，增加加工产品品种和产值；另一方面，应加大藠头加工产品的开发力度，满足大众营养、保健和不同口味的需求。由于藠头含有含硫化合物（挥发性）、皂苷类化合物、含氮化合物、多糖类物质、黄酮类化合物、矿质元素和维生素等多种生物活性物质，可从中提取得到藠头素、蒜素、皂苷、多糖和膳食纤维等多种功能物质。

第一节　藠头功能成分提取技术

一、藠头素的提取

藠头含有多种生物活性物质，具有抑制血小板聚集、抗菌消炎、抗肿瘤、抗氧化及清除亚硝酸盐、改善脂质代谢和预防动脉粥样硬化等生理学功能。其中主要药理成分为蒜素和皂苷类化合物。藠头蒜素和皂苷等生物活性物质，统称为藠头素。目前常用的生物活性物质成分提取方法包括水蒸气蒸馏法、超临界流体萃取法和有机溶剂浸提法。

1. 盐渍藠头提取藠头素工艺

藠头素具有保鲜与增强风味的作用，盐渍藠头提取物藠头素作为一种天然的食品保鲜剂或风味增强剂具有一定的开发利用价值。盐渍藠头采用果胶酶提取藠头素的工艺如下：

(1) 工艺流程

盐渍藠头→脱盐→打浆→保温酶提→榨汁→一次过滤（去残渣）→澄清→二次过滤→藠头素初提液→藠头初提液浓缩。

(2) 操作要点

① 藠头素初提液的提取　将盐渍藠头用冷水冲洗脱盐，用榨汁机将经脱盐处理后的藠头打浆，按原料比例添加果胶酶，在恒温水浴锅中恒温酶解一定时间，然后用双层绸布压榨过滤，滤液澄清再过滤，得到藠头素初提液。

a. 合适的工艺条件　按原料比添加 0.6%～1.2% 的果胶酶，pH3.4、50℃左右下提取 2～4h，此时藠头素内蒜素的含量可达到较高水平（0.21～0.27g/100mL），且出汁率效果也较好（90%～92%），固形物含量较高（19.2～19.8brix），能较好地保持藠头特有的香气。而且此工艺简单、经济、易操作，适于中小企业在实际生产中应用。

b. 最佳工艺参数　浸提温度 47℃、浸提时间 3.3h、果胶酶添加比 0.77%，藠头素中蒜素含量可达 0.274g/100mL。

② 藠头素初提液的浓缩　将藠头素初提液装入浓缩瓶中，在压强 −0.09MPa、转速 1800r/min、45℃ 水浴的工艺条件下，初提液的浓缩效果较好，产品有诱人的藠头特征香气，香味持久、纯正。

a. 转速控制　旋转蒸发器转速较快，容易引起窜沫，导致藠头素初提液流入回收瓶中。同样，过多的装入量，在开始阶段就使得藠头素初提液容易引起窜沫，也会使藠头素初提液流入回收瓶中。

b. 压强调节　水浴温度保持在 45℃，真空度低于 0.085MPa，提取物中水分基本上很难蒸发，蒸发需要的时间很长；真空度高于 0.095MPa，接收瓶中有较浓的藠头气味，可能引起藠头素中其他成分的分解；真空度 0.09MPa 下，能较好地浓缩藠头素初提液，又不致浓缩时间过长。

c. 水浴保持　保温池温度低于 40℃ 以下，水蒸气的蒸发较为困难；温度高于 48℃，同样容易引起藠头素中成分的分解，并且在临近蒸发结束阶段，容易引起藠头素颜色褐变。因此，在蒸发开始阶段，以稍低于 48℃ 进行蒸发，随着蒸发的进行，逐步降低蒸发温度，但不能低于 43℃。

(3) 藠头素含量测定　藠头素含量以蒜素含量为标志，而蒜素的检测方法主要有色谱法、比色法、生物检测法与定硫法、硝酸汞沉淀法等化学分析法。

① 常采用硝酸汞沉淀法测定蒜素含量，其计算公式如下：

$$\text{蒜素}(\mathrm{g/100mL})=\frac{(2c_1V_1-c_2V_2)\times 0.02704\times V_0}{W_0\times V}\times 100$$

式中，c_1 为硝酸汞标准溶液的摩尔浓度，mol/L；V_1 为硝酸汞标准溶液的用量，mL；c_2 为硫氰化钾标准溶液的摩尔浓度，mol/L；V_2 为硫氰化钾标准溶液消耗量，mL；V_0 为提取液的总体积，mL；W_0 为样品用量，mL；V 为测定时所取提取液的浓度，mL；0.02704 为每毫升 0.05mol/L 的硝酸汞标准溶液相当的蒜素质量，g。

② 定硫法测定蒜素含量，其计算公式如下：

$$蒜素(\%)=\frac{\frac{32.06}{233.39}\times M\times\frac{162.26}{(32.06\times 2)}\times V_0}{M_0\times V}\times 100\%$$

式中，M 为硫酸钡质量，g；M_0 为样品质量，g；V_0 为提取液总体积，mL；V 为测定提取液体积，mL；32.06 为硫分子量；233.39 为硫酸钡分子量；162.26 为蒜素分子量。

定硫法最佳测定条件为浓硝酸用量 0.65mL，pH 3.5 时，测定盐渍藠头中蒜素含量为 0.23%。

2. 废弃物打浆提取藠头素工艺

利用藠头初加工废弃物皮和根茎，酶解提取风味物质藠头素，方法如下：

(1) 藠头皮酶解提取藠头素工艺

① 工艺流程　盐渍藠头皮→脱盐→打浆→保温酶解→过滤→藠头素粗提液。

② 操作要点　将盐渍藠头去皮、分切、分级等工序加工废弃的皮，脱盐或不脱盐处理，用打浆机打成浆，按料液比为 1∶5 添加蒸馏水，添加 1%的果胶酶，在 50℃下，反应 1.5h，过滤分离后得到藠头素粗提取液。在这样的果胶酶解条件下，藠头素提取量可达 0.8217g/100mL。

(2) 藠头根茎酶解提取藠头素工艺

① 工艺流程　盐渍藠头根茎→除杂→打浆→保温酶解→过滤→藠头素粗提液。

② 操作要点　将盐渍藠头分切工序加工废弃的根茎，经过除杂处理后，用打浆机将其打成浆，按料液比为 1∶5 添加蒸馏水，添加 1%的果胶酶，在 50℃下，反应 1.5h，过滤分离后得到藠头素粗提取液。在这样的果胶酶解条件下，藠头素提取量可达 1.1064g/100mL。

(3) 藠头素提取量的测定　藠头素提取量以蒜素含量为标志，蒜素含量测定采用硝酸汞沉淀法。

3. 废弃物干燥提取藠头素工艺

为充分利用盐渍藠头加工废弃物，根据陈艳丽等研究利用藠头初加工废弃物酶法提取藠头素，方法如下：

(1) 工艺流程

盐渍藠头加工废弃物→脱盐→干燥→粉碎→酶解→抽滤→藠头素初提液。

(2) 操作要点

① 原料预处理　盐渍藠头加工废弃物经50℃热水冲洗1h脱盐，于50℃中干燥48h，干燥品用粉碎机进行粉碎，过40目筛，得到的藠头粉末真空包装放入冷藏室储存待用。

② 酶解　称取藠头粉末，用蒸馏水加果胶酶酶解，抽滤，得到藠头素初提液。在酶添加量0.8%、提取温度37℃、提取时间3h的提取条件下，提取效果最好，盐渍藠头废弃物中藠头素的含量达到最大值，藠头素提取液中蒜素含量为0.1761%。

二、藠头蒜素的提取

蒜素是呈油状的液体，是由蒜氨酸在蒜氨酸酶作用下生成的硫代亚磺酸酯类化合物，此类化合物不稳定，又会迅速降解为挥发性的含硫化合物。其既是葱属植物中一种主要的风味物质，又是葱属植物的主要有效成分。蒜素具有抗肿瘤、平喘、清除亚硝酸盐、抗菌、抑制血小板凝聚、调节免疫力、预防心血管疾病等功效，被比喻成“地里长出来的抗生素”。蒜素可作为食品调味剂、保健食品、药品和绿色农药，具有很好的市场前景。蒜素提取工艺主要有：有机溶剂萃取法、水蒸气蒸馏法、超临界流体萃取法、超声波辅助提取法、真空微波辅助提取法、植物油萃取法和分子蒸馏法。蒜素的分离纯化常用的方法主要包括硅胶柱色谱法、膜技术和分子蒸馏纯化技术。

1. 藠头蒜素提取

采用水蒸气蒸馏法提取藠头中的蒜素，方法如下：

(1) 工艺流程

藠头加工废弃物→漂洗→低温烘干→捣碎→保温酶解→加入溶剂萃取→过滤→藠头素粗提液→回收溶剂→藠头素浓缩液→水蒸气蒸馏→挥发油→二氯甲烷萃取→蒜素。

(2) 操作要点

① 藠头加工废弃物处理　藠头加工废弃物经清水漂洗干净后，经30℃低温烘干，烘至水分含量20%左右。

② 藠头素粗提液提取　将藠头加工废弃物用捣碎机捣成泥，在37℃下保温酶解3h，然后添加体积分数为90%的乙醇萃取，提取温度27℃、提取时间1.1h，料液比1∶4，然后过滤，得到藠头素粗提液，藠头素提取率达到4.49%，蒜素含量达到0.9g/100mL。

③ 蒜素分离纯化　藠头提取液回收乙醇后，利用常规水蒸气蒸馏法分离提取藠头素中的挥发性成分。取处理好的藠头素提取液，放入蒸馏瓶中，水蒸气蒸

馏 2h，获得表面漂浮少许油状物的水溶液，用二氯甲烷萃取 3 次，合并提取液并过无水硫酸钠干燥，分离出二氯甲烷溶液，在 40℃ 水浴中挥干二氯甲烷，得藠头素中的挥发油成分，为淡黄色透明液体，具有较浓烈的藠头气味，挥发油的得率为 2.34%。

(3) 蒜素测定　采用硝酸汞沉淀法测定蒜素含量。

2. 薤白蒜素提取

以中药薤白为原料，对薤白进行加温浸泡、超声预处理后，采用水蒸气蒸馏法提取薤白中蒜素，方法如下：

(1) 工艺流程

薤白→粉碎→浸泡→超声→水蒸气蒸馏→挥发油→环己烷萃取→蒜素。

(2) 操作要点

① 粉碎　将薤白烘干，用粉碎机粉碎，过 40 目筛备用。

② 浸泡　薤白粉末按照液固比 4.40∶1(mL/g) 加入蒸馏水，置于 40℃ 水浴中加温浸泡 1h。

③ 超声预处理　放入超声波清洗器中超声 30min。

④ 水蒸气蒸馏　放入蒸馏瓶中，水蒸气蒸馏 2.2h，获得表面漂浮少许油状物的水溶液。

⑤ 环己烷萃取　加入环己烷，置于电热套上缓缓加热至沸腾，并保持沸腾一定时间。提取完成后，停止加热，放置片刻。打开挥发油提取器下端活塞将水缓缓放出，收集环己烷，50℃ 水浴挥去环己烷，无水硫酸钠干燥，得到薤白挥发油。在上述条件下薤白挥发油提取率达 1.03%。

(3) 关键技术

① 液固比　对一定质量的薤白，随着蒸馏水量的增加，挥发油提取率呈现先上升后下降的趋势。当液固比达到 4.5∶1(mL/g) 时，挥发油提取率达到最大。此后，再继续增加溶剂的量，挥发油提取率反而下降。

② 浸泡温度　薤白蒸馏提取前进行加温浸泡，是挥发油提取的关键环节之一。由于蒜类挥发油的产生过程主要为酶促反应，当浸泡处于一定的适宜温度(40℃) 时，酶的活性高，挥发油的转化快，产率较高，此后再增加温度，酶因温度过高而活性下降，导致挥发油提取率下降。

③ 超声预处理时间　一方面超声波产生的强烈震动和空化效应可有效地破碎药材的细胞壁，使有效成分呈游离状态并溶入提取剂中；另一方面超声波的搅拌作用可加速提取剂的分子运动，使得提取剂和药材中的有效成分快速接触，从而加速有效成分的浸出速率。当超声预处理时间达 30min 时，挥发油提取率达到最大，此后再延长超声预处理时间，提取率增加不明显，故一般进行 30min

超声预处理。

④ 提取时间　挥发油提取率随提取时间的延长呈现上升趋势。当提取时间在2h之后，薤白中挥发油已基本提取完，再增加提取时间，挥发油量增加很少，故一般提取时间为2h。

3. 小根蒜精油提取

工艺流程：小根蒜干燥鳞茎→去皮→脱臭→粉碎→装槽→浸泡→蒸馏→冷凝→分离→精制→成品。

三、藠头皂苷的提取

皂苷具有清除亚硝酸盐、抑制血小板聚集、抗氧化、免疫调节、抗肿瘤和治疗糖尿病及并发症等药理作用，随着药物化学研究的逐步深入，皂苷的生物活性和药用价值被日益重视。目前用于提取皂苷的方法有溶剂法、沉淀法、酶酸碱水解法、超临界 CO_2 法以及超声波萃取法等。皂苷常用的纯化方法有溶剂萃取法、吸附法、透析法等，其中以大孔树脂吸附法最为常见。

1. 鲜藠超声辅助提取皂苷工艺

(1) 工艺流程

新鲜藠头→预处理→干燥→粉碎→乙醇提取→过滤→萃取→浓缩→皂苷粗提物→分离纯化→藠头皂苷。

(2) 操作要点

① 原料处理　新鲜藠头经人工除杂去沙后，洗净，晾干，切割成片后于50～60℃下烘干，粉碎过20目筛，真空包装备用。

② 皂苷粗提取　藠头皂苷粗提以超声辅助提取法比水浴回流提取法好。

a. 藠头皂苷水浴回流提取工艺　准确称取一定量藠头干粉，加入一定量的乙醇溶液，在一定的温度下水浴回流提取一定的时间，过滤，滤液减压浓缩，浓缩液加少量蒸馏水溶解，用水饱和的正丁醇萃取2次，回收正丁醇后水浴浓缩至干，即得皂苷粗提物。

水浴回流法提取藠头皂苷最佳工艺条件：料液比1∶11，乙醇浓度74%，回流温度55℃，提取时间以2h为宜，藠头皂苷得率为2.91%。

b. 藠头皂苷超声辅助提取工艺　准确称取一定量藠头干粉，加入一定量的乙醇溶液，在一定的温度下，用超声波细胞破碎机提取一定的时间，过滤，滤液减压浓缩，浓缩液加少量蒸馏水溶解，用水饱和的正丁醇萃取2次，回收正丁醇后水浴浓缩至干，即得皂苷粗提物。

超声辅助提取法提取藠头皂苷最佳工艺条件：料液比1∶16，乙醇浓度71%，超声温度55℃，超声时间以40min为宜，藠头皂苷的得率为3.71%。

③ 分离纯化

a. 收集粗提液　在超声波提取器中粗提取液浓缩得到浸膏，浸膏加水溶解，过滤，收集滤液。

b. 树脂预处理　D101 大孔树脂用 95%乙醇浸泡 24h 充分溶胀后，用 95%乙醇冲洗至流出液加适量水（1∶5）无白色浑浊为止，再用蒸馏水反复冲洗至无醇味，再加入 5%的 HCl 浸泡 24h，用蒸馏水洗至中性，再加入 5%的 NaOH 浸泡 24h，用蒸馏水冲洗至中性。

c. 吸附　将藠头皂苷粗提液上 D101 大孔树脂，吸附 2.5h，分别以蒸馏水和 5%的乙醇洗脱至流出液无色，蒽酮—硫酸显色无色，然后以 5 倍树脂体积的 70%乙醇进行洗脱，收集 70%的乙醇洗脱液，浓缩后真空干燥，得到较纯的藠头皂苷。这样纯化后藠头皂苷的纯度为 63.06%。

（3）提取液皂苷含量的测定　以薯蓣皂苷元为对照品，采用香草醛—冰醋酸—高氯酸显色法测定藠头皂苷的得率。计算回归方程为：$y=9.5518c+0.0002$，$R^2=0.9988$。皂苷得率(%)$=(c\times V/m)\times 100\%$，其中 c 为皂苷浓度（mg/mL），V 为溶液体积（mL），m 为藠头粉末质量（mg）。

2. 鲜藠树脂柱提取皂苷工艺

（1）工艺流程　新鲜藠头→预处理→干燥→粉碎→乙醇提取→过滤→吸附→萃取→浓缩→藠头皂苷。

（2）操作要点

① 藠头处理　新鲜藠头，除杂去沙后，洗净，晾干，于 60℃烘箱内烘干，经粉碎机粉碎，过 200 目筛，真空包装备用。

② 乙醇提取　称取藠头粉适量，加入 60%乙醇进行浸提，过滤，减压浓缩至干。

③ 分离纯化　以水溶解，水溶液过 101 大孔树脂柱，先用蒸馏水洗柱，再用 70%乙醇洗脱，收集乙醇洗脱液，蒸去乙醇并浓缩水溶液，冷冻干燥。将干燥后的样品用双蒸水溶解，经石油醚与水饱和正丁醇萃取，回收正丁醇液，水浴中蒸干，旋转蒸发仪内减压浓缩至干。

（3）皂苷含量的测定　以薯蓣皂苷元为对照品，采用香草醛—浓硫酸—冰醋酸比色法测定藠头皂苷的含量。其标准曲线回归方程为：$y=3.9094x-0.0085$（$R^2=0.9978$），y 为 OD_{540nm} 值，x 为薯蓣皂苷含量（mg/mL）。

3. 藠头加工废弃物提取皂苷工艺

浓缩藠头素提取液，利用正丁醇萃取、大孔吸附树脂分离纯化，提取藠头皂苷具体方法：

（1）工艺流程

藠头加工废弃物→漂洗→低温烘干→捣碎→保温酶解→加入溶剂萃取→过

滤→藠头素粗提液→回收溶剂→藠头素浓缩液→水蒸气蒸馏→正丁醇多次萃取→减压回收正丁醇→皂苷粗提物→上大孔吸附树脂吸附→试剂洗脱→洗脱液→回收试剂并浓缩→浓缩液→冷冻干燥→皂苷。

(2) 操作要点

① 废弃物处理　藠头加工废弃物经清水漂洗干净后，经 30℃低温烘干，烘至水分含量在 20%左右。

② 藠头素粗提取　将藠头加工废弃物用捣碎机捣成泥，在 37℃下保温酶解 3h，然后添加体积分数为 90%的乙醇萃取，提取温度 27℃，提取时间 1.1h，料液比 1∶4，然后过滤，得到藠头素粗提液，藠头素提取率达到 4.49%。

③ 分离纯化

a. 大孔树脂预处理　将新的 D101 大孔树脂用无水乙醇浸泡 24h，使其获得充分溶胀，再利用湿法装柱，采用 95%乙醇冲洗至流出液加适量水（流出液体积∶水体积＝1∶5）无白色浑浊出现，再用双蒸水多次冲洗至完全无醇味。用树脂 4 倍体积的浓度为 5%的盐酸溶液，以每小时 5 倍柱体积的流速冲洗大孔吸附树脂层，浸泡 3h 后再用双蒸水以同样流速洗至流出液 pH 为中性；再用 4 倍体积浓度为 5%的氢氧化钠溶液，同样以每小时 4 倍柱体积的流速冲洗大孔吸附树脂层，浸泡 3h 后用双蒸水以同样流速洗至流出液 pH 为中性。处理完毕后，大孔吸附树脂用蒸馏水浸泡备用。

b. 分离纯化　藠头素提取液经水蒸气蒸馏法除去挥发性成分后，减压浓缩，浓缩液经正丁醇多次萃取，合并萃取液后减压回收正丁醇，可得皂苷粗品。皂苷粗品用少量水溶解，用水配制成一定浓度的皂苷样液，采用 D101 型大孔吸附树脂，上样浓度为 5mg/mL，上样液 pH 值为 5，上样流速为 3BV/h。洗脱所选溶剂是乙醇，所用乙醇的体积分数为 60%，洗脱柱体积为 4.5BV。

藠头皂苷粗品通过 D101 大孔吸附树脂，首先利用纯水和 5%乙醇洗至无色，再收集体积分数 60%的乙醇洗脱溶液，经过减压浓缩蒸馏回收乙醇，冷冻干燥后得到皂苷成品，经测定皂苷纯度可达 73.4%。

(3) 皂苷含量的测定　以薯蓣皂苷元为对照品，采用香草醛—冰醋酸—高氯酸显色法测定藠头皂苷含量，得回归方程为：$y=4.7869x-0.00148$ ($R^2=0.9945$)，y 为 OD_{532nm} 值。

四、藠头多糖的提取

多糖作为构成生命活动的基本物质之一，在抗肿瘤、抗炎、抗病毒、降血糖、抗衰老、抗凝血等方面均发挥着其特殊的生物活性作用。藠头中含有丰富的多糖，因此在保健食品和医药领域有着较好的开发前景。

1. 薤头多糖提取

采用内部沸腾法，先让易挥发的乙醇渗透植物组织，然后快速加入温度高于乙醇沸点的热水，使植物组织内部的乙醇汽化，把有效成分带出。具体方法如下：

（1）多糖提取

① 新鲜藠头除杂去沙后，洗净，晾干，于50～60℃下烘干，粉碎过20目筛，真空包装备用。

② 称取一定质量的藠头粉末，用50%的乙醇浸润30min，控制提取温度85℃，提取时间6min，液料比17∶1，以一定量的热水进行提取，抽滤，滤液浓缩，加入95%的乙醇使溶液中的乙醇最终浓度为85%，静置12h，取沉淀物备用。藠头粗多糖得率可达34.7%。

（2）藠头多糖分离纯化　藠头粗多糖利用Sevag法除去蛋白质，随后将其pH调至8.0，滴加7%的过氧化氢脱至颜色变为浅黄，50℃水浴锅中保温2h。采用透析袋对多糖溶液进行透析，每隔6h换一次蒸馏水，连续透析24h。利用透析袋将小分子物质包括单糖、双糖、无机盐等透出膜外，从而将大分子物质——藠头多糖截留在膜内。将透析后得到的多糖溶液浓缩，经过DEAE-52柱色谱、SephadexG-75凝胶柱色谱，最终得到精制藠头多糖。

2. 薤白多糖提取

采用水提醇沉法，薤白可溶性多糖提取工艺如下：

（1）提取方法　称取粉碎的薤白干品粉末，甲醇回流脱去表面脂肪，抽滤，药渣风干。再用80%乙醇回流除去小分子糖、苷类、生物碱等，药渣风干。然后以水为溶剂进行抽取，控制温度为90℃，加12倍的水，提取时间90min，提取3次。水提液离心除去杂质，减压浓缩，加无水乙醇至浓度为75%沉淀；静置24h后过滤，用95%乙醇、无水乙醇、丙酮洗涤数次，真空干燥，得薤白粗多糖。

（2）提取工艺条件

① 提取温度　温度过低，不利于多糖物质的溶出；温度过高，容易引起多糖降解。70～90℃为较理想的提取温度。

② 料液比　一般来说，只要能将活性物质溶出，料液比越小越好，料液比过大会给以后的浓缩带来不便，以（1∶10）～（1∶15）较好。

③ 提取时间　延长提取时间会提高提取率，但当细胞中的有效成分已完全溶出时，再延长提取时间，非但不能提高提取率，反而会增加提取液中杂质的含量。提取时间以90min为宜。

④ 提取次数　提取3次可以充分将薤白多糖提取出来。

在最佳提取工艺条件下薤白多糖的提取率为13.93%。

（3）粗多糖纯化　将木瓜蛋白酶按蛋白酶∶多糖=1∶20加入多糖溶液中，于70℃在恒温磁力搅拌器中保温5h，按Sevag法加入多糖溶液1/5体积的氯仿，再加入氯仿1/5体积的正丁醇，混合后，剧烈振动20min，离心除去变性蛋白质沉淀，重复3次。再浓缩、醇沉、洗涤，真空干燥得脱蛋白多糖。

五、藠头蛋白质的提取

用饱和硫酸铵盐析提取藠头蛋白质，其主要成分为凝集素、热休克蛋白、蒜氨酸酶、半胱氨酸合成酶和肿瘤坏死因子受体蛋白等物质，具有明显的抗肿瘤作用。藠头蛋白质的提取方法如下：

（1）选新鲜藠头鳞茎用自来水洗净泥土杂质，用无菌水洗涤，晾干。

（2）用万能粉碎机粉碎，以1∶1（质量浓度）的比例加入磷酸盐抽提缓冲液（PBS）；或者藠头鳞茎加入液氮后以1∶1（*m*/*V*）的比例加入Tris-HCl（pH 7.5，100mmol/L）抽提缓冲液后用组织匀浆机匀浆，4℃抽提过夜。

（3）取出后，用4层纱布过滤，滤液经9000r/min离心20min，去沉淀，收集上清液加入20%～80%饱和硫酸铵，盐析沉淀蛋白质4h后，10000r/min离心20min，收集沉淀，用少量0.01mol/L PBS溶解沉淀，10000r/min离心20min，弃沉淀收集上清液透析过夜，得到藠头总蛋白质。

（4）用Brandford法测定蛋白质含量，粗蛋白质提取率可达0.052%，在－20℃保存。

六、藠头凝集素的提取

凝集素是一类具有糖专一性、可使细胞凝集的糖蛋白或能结合糖的蛋白。藠头粗蛋白质成分中20kD以下的小分子物质为凝集素，肖秀情等利用盐析、透析、离子交换色谱和凝胶过滤色谱技术从藠头中分离得到具有凝集兔血红细胞活性的藠头凝集素（Allium chinese lectin，ACL），提取方法如下：

1. 提取技术

藠头鳞茎经pH 7.3的磷酸缓冲液抽提，80%饱和硫酸铵沉淀粗分离，Q-Sepharose强阴离子交换色谱及Superdex 200 HR 10/30葡聚糖凝胶色谱分离得到藠头凝集素。

（1）藠头凝集素粗品的制备　洗净藠头鳞茎，晾干表面水分后称量，置于液氮中使其迅速冷冻，以1∶3（*m*/*V*）加入预冷的磷酸缓冲液（20mmol/L PBS，pH 7.2），快速匀浆，同时加入终浓度为1mmol/L的苯甲基磺酰氟（PMSF），搅匀，4℃抽提过滤；提取物用4层纱布过滤，弃渣留上清液，并将上清液转移至离心机，上清液中边搅拌边缓慢加入固体硫酸铵至80%饱和，置4℃盐析6h；4℃冷冻离心30min收集沉淀，加尽可能少的PBS缓冲液使沉淀溶解，将蛋白液转入处理好的透析袋中，置磁力搅拌器上对PBS透析，再用去离子水透析，检测无盐离子后收集透析袋内物质，真空冷冻干燥−80℃保存。

（2）利用Q-Sepharose离子交换色谱进行分离纯化以20mmol/L PBS（pH 7.8）为初始流动相，含1mol/L NaCl的20mmol/L PBS为洗脱液，溶于20mmol/L PBS并经0.2μm滤膜过滤后的ACL粗品，利用Q-Sepharose强阴离子交换色谱柱进行梯度洗脱分离，收集具有高凝血活性的组分。

（3）Superdex 200 HR 10/30葡聚糖凝胶色谱柱进一步分离将Q-Sepharose离子交换色谱分离后收集的具有凝集活性的组分浓缩后，再利用Superdex 200 HR 10/30葡聚糖凝胶色谱柱进行再分离。收集各洗脱峰，从洗脱峰组分中收集具有凝血活性的洗脱液透析除盐，冷冻干燥，得到ACL纯品。

（4）藠头凝集素的特性从藠头鳞茎中分离得到一种对兔血红细胞具有高凝集活性的蛋白，其对兔血红细胞的最小凝集质量浓度为0.2μg/mL，ACL在温度高至70℃时凝集活性保持不变。

2. 藠头凝集素的利用

凝集素在多种生理现象中都有重要作用，如细胞内吞作用、噬菌作用、细胞内运送、信号转换、细胞—细胞识别、细胞基质黏着、发炎过程、调理作用、细胞生长控制、细胞调节和分化、细胞运送以及肿瘤细胞转移等，还具有保护植物抵抗真菌、细菌和植物病毒等作用。此外，其在预防肿瘤和癌症诊断中也起到了重要作用。随着分子生物学、生物信息学和蛋白质组学等领域的发展交融，凝集素研究的应用将呈现出更加广阔的前景，藠头凝集素的发掘及开发利用具有重要意义。

七、藠头总黄酮的提取

藠头含有丰富的膳食纤维和黄酮类化合物，黄酮化合物具有抗氧化、降血脂、降胆固醇、抗炎症和增强免疫功能等药理作用。将藠头作为提取药物与食品用天然抗氧化剂和防腐剂的原料，具有十分广阔的应用前景。采用微波辅助法提取天然植物中的总黄酮，具有快速、高效、环保、节能等特点，具体方法如下：

1. 工艺流程

原料→干燥→粉碎→提取→过滤→纯化→浓缩→干燥→成品。

2. 操作要点

（1）原料　新鲜藠头。

(2) 干燥　真空冷冻干燥或80℃烘干。

(3) 粉碎　将干燥后的藠头粉碎过40～60目筛。

(4) 提取

① 料液萃取　藠头粉与乙醇按一定料液比，采用压力自控密闭微波萃取系统，微波萃取。

② 最佳提取条件　乙醇体积分数70%，料液比1∶70 (g/mL)，微波功率350W，微波作用时间15min，提取温度65℃，总黄酮的提取率可达6.02%.

(5) 过滤　用过滤机过滤，得透明滤液。

(6) 纯化　选用大孔吸附树脂对滤液中的藠头粗黄酮类物质进行纯化。

(7) 浓缩　洗脱液经真空浓缩、干燥，干燥后粉碎过目即得藠头黄酮提取物。

3. 总黄酮含量测定

以芦丁为标样，采用亚硝酸钠—硝酸铝—氢氧化钠显色法，测定藠头总黄酮含量。标准曲线的回归方程为：$y=0.01025x+0.01435$（单位：μg/mL，x 为吸光度）。

八、藠头叶水溶性膳食纤维提取

传统的藠头加工大部分是将鳞茎上市鲜销或进行腌渍，而叶则作为下脚料丢弃。藠头叶中含有丰富的膳食纤维，膳食纤维被称为继糖、蛋白质、脂肪、维生素、矿物质和水之后的“第七营养素”。其具有较强的持油、持水力，且具有增溶作用和诱导微生物作用，能预防和治疗许多种疾病，如高血压、心脏病及各种消化道疾病。从藠头加工中废弃的藠头叶提取的水溶性膳食纤维，既可用于乳制品、饮料、面包、饼干等食品中，又可作食品抗结剂等。

藠头叶中提取水溶性膳食纤维的方法如下：

1. 工艺流程

藠头叶→清洗→磨碎→酸水解→过滤→滤液乙醇沉淀→过滤→滤渣洗涤→脱色→烘干→成品。

2. 操作要点

(1) 原料处理　新鲜藠头叶自然晾干，磨碎过40目筛，90℃热水冲洗3～4次，以除去可溶性糖及部分色素。

(2) 酸水解　粉碎藠头叶中按料液比1∶15 (g/mL) 加入pH 3.0的稀 H_2SO_4 溶液，90℃条件水解90min，过滤分离。

(3) 滤液醇析　对酸处理后过滤的滤液，采用体积浓度为95%的乙醇进行沉淀，采用体积浓度为70%的乙醇进行洗涤。醇析后过滤出水溶性膳食纤维粗品。

(4) 脱色与干燥　醇析后过滤的滤渣用50～60℃的水浸泡后，冲洗直至中性，加5%的过氧化氢，在温度为20～30℃、pH值为5～7条件下，处理10～15min，进行脱色，再用水、40%～50%乙醇清洗，减压过滤后，真空干燥或在35℃下烘干。

(5) 粉碎与过筛　将干燥后的纤维素粉碎，过筛，即得水溶性膳食纤维粉。水溶性膳食纤维的提取率可达9.85%，持水率5.5g/g，溶胀力为4.8mL/g，无粗糙感。

3. 产品质量指标

产品质量应符合食用结晶纤维素国家标准。

九、小根蒜天然生物防腐剂提取

小根蒜具有可食性和安全性，且具有良好的抑菌能力。将小根蒜制成食品防腐剂，加入或喷淋到食品表面，能起到良好的防腐保鲜作用。其制作工艺如下：

小根蒜→除杂、洗净→磨碎→加水浸提过滤→去叶→加入肌醇六磷酸→混合→加入聚赖氨酸→包装→成品。

第二节　藠头功能成分提取质量安全控制技术

在藠头功能成分提取过程中要利用多种技术，但有些技术运用、操作不当时存在很多安全隐患，是质量安全控制不可忽视的一环。

一、分离

在藠头功能成分提取过程中常会用到一些分离技术，如过滤、萃取、絮凝以及膜技术等。

1. 过滤

在功能成分提取中常使用硅藻土等助滤剂提高过滤效率，但是由于助滤剂易受污染而使过滤介质堵塞，因此存在一个过滤周期的问题。如果在操作中不适当地提高滤速就会导致过滤周期不成比例地缩短，这将会影响产品的质量，并可能使一些有害物质残留。还有一些加工厂在硅藻土助滤剂中加入适量的石棉纤维，依靠静电吸附机理滤除细菌，然而石棉纤维有可能造成食品污染。

2. 萃取

功能成分提取过程中经常使用有机溶剂。大多数有机溶剂具有一定毒性，如在食品中残留，会造成严重的危害；在使用气体萃取剂进行分离的过程中，有些萃取剂往往对设备有腐蚀作用，或本身就有毒性。

3. 絮凝

在食品分离技术中常用到絮凝的方法，加入铝、铁盐等絮凝剂，其中铝离子对人体有一定危害；高分子类絮凝剂虽有用量少、絮凝能力高、絮凝体粗大、沉降速率快、处理时间短等优点，但这类絮凝剂具有一定的毒性，使用时可能残留于产品中，产生安全性问题。

4. 膜技术

膜技术主要是利用膜组件和膜装置对食品原料进行分离加工，此项技术具有无变相、节能及在常温下分离等特点，但是也存在着许多潜在的食品安全问题。由于膜的孔径很小，在分离过程中杂质极易堵塞孔径，过滤压力升高，会降低膜的使用寿命或对膜造成损害。同时，由于膜自身不具备杀菌功能，大量杂质蓄积的一侧实际是营养丰富的培养基，促使杂菌迅速地繁殖。膜一旦出现短路将会引起大量的杂菌污染，造成膜另一侧的污染。目前，国内超滤膜的生产技术比较成熟，但产品的质量不稳定，个别企业存在粗制滥造的现象，如短路的膜用胶封堵后出售，给使用者带来极大危害。

二、干燥

空气对流干燥、滚筒干燥、真空干燥、冷冻干燥、泡沫干燥等技术的应用已经十分普及，但是这些技术均存在着一些安全性问题。

一些传统的干燥方法，利用自然条件进行干燥（如晒干和风干），其主要缺点是干燥时间长，并且很容易受到外界条件的影响，特别是遇到阴雨天气时产品容易霉烂；选择地点不当时，会沾染灰尘、碎石以及众多腐败微生物，造成食品的污染。

采用机械设备干燥时，会大大降低污染，但是仍然有可能出现安全问题。静态干燥时，可能存在切片搭叠而形成的死角；动态干燥时，干燥速率加快，对于一些内阻较大的物料干燥至一定程度时，由于其内部水分扩散较慢，干燥速率会降低，干燥时间延长，这样，食品中的酶或微生物不能及时得到抑制，可能引起食品风味发生变化，甚至变质。

近年来逐渐得到广泛应用的真空冷冻干燥技术，在我国由于机械设备方面存在着一些不足，如因为隔板温度的不均一而造成食品的干燥程度不均一，使食品局部水分活度过高，有可能引起微生物的生长。

三、蒸馏

蒸馏技术也是功能成分提取的常用方法之一，一般用于提取或纯化一些有机成分，如某些萃取过程中的溶剂回收等生产工艺均采用该技术。在蒸馏的过程中，由于高温及化学酸碱试剂的作用，产品容易受到金属蒸馏设备溶出重金属离子的污染。同时，由于设备设计不当或技术陈旧，蒸馏出的产品可能存在副产品污染的问题。

四、发酵

藠头的发酵技术在腌制品中的应用越来越广泛，但发酵过程中形成的有些副产品或不适当的工艺会形成有毒物质而危害人体健康，主要有如下几方面的安全性问题：

① 发酵过程中因原料不好、发酵方法不当、环境条件差等，可能产生过量亚硝酸盐。

② 发酵工艺控制不当，造成染菌或代谢异常，有可能在发酵产品中引入有害物质。

③ 某些发酵菌种在发酵过程中，可能产生某些毒素，危害到食品的安全。

④ 某些发酵添加剂本身就是有害物质，会危害消费者的健康。

⑤ 通气发酵设备的空气过滤器是非常关键的部位，因为无菌空气在发酵过程中需不断地补入发酵液中，如果空气过滤器发生问题，会使空气污染，造成发酵异常。

⑥ 发酵罐的涂料受损后，罐体自身金属离子的溶出，会造成产品中某种金属离子的超标，严重者使产品产生异味、变质。

五、清洗

在藠头功能成分提取过程中，对设备和容器的清洗和消毒不可避免地会用到洗涤剂和消毒剂，而洗涤剂和消毒剂在使用中可能会产生危害，原因如下：①配制的化学药品对人体有危害；②配制过程中所采用的化学药品发生性变，由无毒的化学药品在环境（如高温高压、强酸强碱等）的影响下变成有毒物质；③使用不当带来的危害；④清洗剂对设备的腐蚀，造成设备使用寿命缩短，同时也存在着安全隐患，应注意耐压设备的清洗不要使用加热的高浓度次氯酸钠。

六、杀菌和抑菌

近年来在食品工业中杀菌和除菌技术有了很大的发展，但在使用这些技术时仍有可能出现安全问题。杀菌一般分为加热杀菌和冷杀菌。

1. 加热杀菌

（1）高压蒸汽灭菌　将食品预先装入容器，密封后采用100℃以上的高压蒸汽进行杀菌。一般认为，121℃，15～20min的杀菌强度就可杀死所有的微生物（包括细菌芽孢）。但因食品的种类不同，一般不采用统一的灭菌条件。有些食品在经历高温后，色泽、口味上会有变化，所以应采用较低的杀菌强度，使之达到商业无菌的状态，但此种灭菌方式并不能保证完全杀灭其中所有的芽孢，有可能造成细菌的繁殖而使食品变质，甚至引起食物中毒。

（2）巴氏杀菌　巴氏杀菌指采用100℃以下的温度杀死绝大多数病原微生物的一种杀菌方式，目的是杀灭病原菌的营养体，此法不能杀死一些耐热菌和芽孢。因此，一些耐热菌在条件成熟时易生长繁殖，引起食物的腐败，有的能产生毒素，引起食物中毒。

2. 冷杀菌

（1）药剂杀菌　药剂杀菌指采用化学药物杀灭微生物的方法，这种方法主要用于设备及场地的杀菌。设备上的大量有机物可能会在微生物表面形成保护层，妨碍药剂与微生物的接触，使其杀菌能力下降；此外，杀菌剂还受pH值等条件的影响，由于杀菌效果在很大程度上受到制约，有可能造成食品的二次污染；同时，很多杀菌剂对人体有害，如杀菌后残留在食品中，达到一定浓度后也会产生安全性问题，如环氧乙烷在对乙烯塑料（包装用）灭菌时，会在其中形成较多的残留，进而将毒物带入食品；有些杀菌剂长期使用会使微生物产生抗性，以致使用时达不到杀菌目的，还有可能与微生物细胞内的一些成分作用后产生有害物质，带入食品中。

（2）辐射杀菌　辐射杀菌的机制是使用γ射线、X射线和电子射线等照射食品后，使核酸、酶、激素等纯化，导致细胞生活机能受到破坏、变异或死亡。尽管一些试验证明辐照后的食品对人体无害，但目前仍无证据证明长期服用高剂量照射食品对人体健康无害，具有灭菌作用的辐射剂量用于食品可能导致安全性问题。此外，经较高剂量处理后，非病原菌可能会变异为病原菌或使病原菌的毒性提高。

（3）紫外线杀菌　主要用于空气、水及水溶液、物体表面杀菌。只能作用于直接照射的物体表面，对物体背后和内部均无杀菌效果；对芽孢和孢子作用不大。

（4）臭氧杀菌　臭氧杀菌是近几年发展较快的一种杀菌技术，常用于空气杀菌、水处理等。但是臭氧有较重的臭味，对人体有害，故对空气杀菌时需要在生产停止时进行，对连续生产的场所则不适用。

3. 除菌和抑菌

除菌和抑菌也是常用的防止微生物污染的方式。除菌是用各种物理手段除去附着于对象表面上的微生物的技术，主要有空气过滤、水过滤、液体制品过滤。在过滤液体制品过程中，如制品中含有病毒和毒素，这一方法就显得无能为力。抑菌过程同样也存在安全问题，如制品中为了保护色泽和防止腐败，超范围、超剂量使用食品添加剂。

参考文献

[1] 武志杰，等．农产品安全生产原理与技术[M]．北京：中国农业科学技术出版社，2006.

[2] 张可祯，张燕书，朱启才．藠头标准化生产与加工技术[M]．北京：化学工业出版社，2020.

[3] 沈明浩，腾建文．食品加工安全控制[M]．北京：中国林业出版社，2008.

[4] 尹明安．果品蔬菜加工工艺学[M]．北京：化学工业出版社，2010.

[5] 张香美，刘月英，贾月梅，等．小根蒜研究现状及其开发利用[J]．安徽农业科学，2006(9)：1764-1765.

[6] 周向荣，夏延斌，周跃斌，等．我国藠头腌制加工技术研究现状[J]．现代食品科技，2006(3)：269-271.

[7] 何运智，冯健雄，熊慧薇．藠头加工方法的现状与展望[J]．江西农业学报，2007(12)：91-92.

[8] 谭赛妮．湘阴县藠头产业化发展规划研究[D]．长沙：湖南农业大学，2009.

[9] 周向荣，李楷明，陈建新，等．藠头与日本肯定列表略论[J]．农产品加工，2008(7)：228-230.

[10] 张可祯，陈景任，杨书华．出口腌渍藠头产品加工技术与标准[J]．湖南农业科学，2007(4)：176-179.

[11] 蓬开文．生产盐渍薤头的操作要点[J]．农产品加工，2006(8)：48-49.

[12] 包永祺．出口荞头的发酵加工工艺[J]．上海农业科技，1991(2)：37.

[13] 董坤明．出口盐渍藠头加工技术[J]．四川制糖发酵，1990(3)：35-36.

[14] 乐正智，聂永斗．盐渍藠头加工技术[J]．长江蔬菜，1990(3) ：43.

[15] 夏桂珍．出口甜酸藠头的腌制与加工[J]．中国调味品，1996(11)：25，31.

[16] 熊谱成．甜酸藠头的加工方法[J]．湖南农业，1999(10)：19.

[17] 李赤翎．软包装甜酸荞头的生产[J]．食品工业技术，2002(2)：90-91.

[18] 涂宗财，叶驰云，曹树稳，等．甜酸薤软罐头生产工艺[J]．中外技术情报，1995(6)：47.

[19] 欧阳金良．一种辣椒荞头的制作方法[P]．2007.

[20] 曾宏．真空袋装糖醋藠头快速生产技术[J]．食品科学，1992(10)：61.

[21] 易诚，宾冬梅．甜酸藠头加工新工艺[J]．中国果菜，2001(4)：27.

[22] 黄芝丰，涂宗财．甜酸荞头罐头荞头腌制的研讨[J]．食品工业，1996(3)：48-49.

[23] 张晓玲．HACCP 在甜酸藠头生产中的应用[J]．湖南科技学院学报，2006(5)：82-84.

[24] 夏桂珍，杨建功，成英．HACCP 体系在出口甜酸薤加工中的应用[J]．江苏调味副食品，2004(3)：16-19.

[25] 王佳裕．出口甜酸藠头 HACCP 体系的建立[J]．食品安全导刊，2018(3)：35-36.

[26] 冷家荣．一种辣椒泡藠头及其制备方法[P]．2007.

[27] 王佳裕，周鸯鸯．塑料袋包装甜酸藠头的生产方法[J]．农家科技(下旬刊)，2017(8)：263-264.

[28] 杨树华．酸辣藠头的加工与贮存[J]．云南农业，2006(11)：23.

[29] 周向荣，夏延斌，周跃斌．盐渍藠头根与柄的加工技术[J]．食品与发酵工业，2006(12)：87-90.

[30] 蔡放鸣，陈定帮，黄长球．甜酸藠头罐头原料低盐量腌制发酵的基本原理及其应用[J]．食品与发酵工业，1990(6)：44-48.

[31] 夏桂珍．对出口低盐发酵藠头的探讨[J]．中国调味品，1993(7)：14-15.

[32] 罗毅．薤头快速发酵腌制[J]．食品与机械，1992(5)：23-24.

[33] 陶兴无，高冰．接种乳酸菌对甜酸藠头腌制工艺和品质的影响[J]．中国酿造，2007(3)：53-55.

[34] 汤水平，张青燕，谢伟岸．盐渍藠头发酵过程中乳酸菌的分离及特性研究[J]．中国酿造，2007(8)：61-64.

[35] 陈福生，彭平生．藠头多菌种低盐发酵技术的研究[A]．中欧传统发酵食品技术研讨会论文集[G]．2008.

[36] 熊慧薇，冯建雄，闵华. 低盐厌氧腌制藠头工艺及发酵液循环利用研究[J]. 农产品加工，2010(3)：24-27.
[37] 李罗明，彭凤祥，王非，等. 低盐腌制发酵藠头及其加工方法[P]. 2010.
[38] 商军. 直投式藠头发酵乳酸菌剂研究[D]. 武汉：武汉工业学院，2007.
[39] 郭必杰. 荞头的腌制和罐藏[J]. 食品工业，1982(3)：38-40.
[40] 季建学，郭必杰. 控制甜酸荞头罐头质量的一些看法[J]. 食品与发酵工业，1982(3)：68-69，82.
[41] 黄芝丰，涂宗财. 甜酸荞头罐头荞头腌制的研讨[J]. 食品工业，1996(3)：48-49.
[42] 陈庆富，王小莉. 提高荞头罐头质量的工艺措施[J]. 江苏调味副食品，2001(3)：10-11.
[43] 黄建明. 糖醋藠头罐头新工艺的研究[J]. 食品工业科技，1992(3)：26-27.
[44] 贺兴卓. 甜酸藠头的腌制[J]. 食品与机械，1989(3)：23-24.
[45] 张滨. 影响罐头低温杀菌效果的研究[J]. 塔里木农垦大学学报，1995(2)：40-43.
[46] 周国治，沈国华，何丁喜. 藠头的复白增白试验[J]. 食品科学，1996(10)：47-50.
[47] 唐春红，罗远强. 盐渍藠头硬脆性变化及保脆[J]. 食品与机械，2001(3)：15-16.
[48] 唐春红，罗远强. 盐渍藠头防变色的工艺改进研究[J]. 农牧产品开发，2001(2)：10-13.
[49] 刘岱琳，刘爱玲，曲戈霞，等. 不同产地、不同采收期的薤白中腺苷含量测定[J]. 沈阳药科大学学报，2000，17(3)：184-187.
[50] 麻成金，黄群，吴竹青等. 藠头真空冷冻干燥工艺研究[J]. 中国食物与营养，2006(7)：38-40.
[51] 刘华，赵利，苏伟，等. 微波真空干燥对藠头中硫代亚磺酸酯含量的影响[J]. 广东农业科学，2011(23)：116-117.
[52] 关峰，郝丽珍，石博，等. 不同干燥处理对薤白鳞茎皂苷含量和糖组分的影响[J]. 食品科学，2014(17)：89-92.
[53] 郭伟峰，吴玉斌，林启训，等. 干制小根蒜保绿技术优化[J]. 农产品加工，2003(4)：24-25.
[54] 周帼萍，王亚林，韩冰. 藠头醋的研制[J]. 中国酿造，2006(5)：69-71.
[55] 程征云. 一种以藠头为原料的饮料[P]. 2005.
[56] 吉维，周向荣，苏东林，等. 藠头素的浓缩条件、保鲜与风味增强效果的初探[J]. 现代食品科技，2008(7)：698-700.
[57] 周向荣，夏延斌，潘小红，等. 藠头素特征波谱皂苷类型及稳定性探讨[J]. 食品与机械，2008(2)：58-61.
[58] 孟潇. 盐渍藠头废弃物综合利用研究[D]. 长沙：湖南农业大学，2012.
[59] 周向荣. 盐渍藠头废弃物回收利用技术研究[D]. 长沙：湖南农业大学，2007.
[60] 吴琴，伍玲，陈谦，等. 响应面法优化藠头抑菌成分提取工艺[J]. 江苏农业科学，2019，47(24)：209-213.
[61] 吴琦，肖锦，鲁雅清，等. 藠头挥发油提取工艺优化及其 GC-MS 分析[J]. 食品研究与开发，2018，39(22)：30-34.
[62] 陈艳丽，王宏勋，候温甫. 响应面分析法优化藠头素提取工艺[J]. 食品科学，2011(16)：132-135.
[63] 周向荣，夏延斌，周跃斌，等. 盐渍藠头中蒜素测定条件优化[J]. 食品工业科技 2007(4)：224-225.
[64] 周向荣，吉维，盛立新，等. 果胶酶对藠头中蒜素提取的影响[J]. 食品科学，2008(9)：378-383.
[65] 潘飞，王宏勋，黄泽元，等. 藠头皮中蒜素的提取工艺研究[J]. 中国调味品，2011(12)：52-55.
[66] 潘飞. 藠头初加工废弃物中藠头素成分组成研究[D]. 湖北：武汉工业学院，2012.
[67] 黄芳，周宏，于姗姗. 薤白挥发油提取工艺的优化及化学成分的气相色谱-质谱分析[J]. 食品科学，2014(8)：80-84.

[68] 刘剑青，肖小年，许英伟. 响应面法优化藠头中皂苷的提取工艺研究[J]. 食品工业科技 2013(1)：254-257.
[69] 禹智辉，丁学知，夏立秋，等. 藠头总皂苷抗菌活性及其作用机理[J]. 食品科学，2013(15)：75-80.
[70] 张占军. 薤白多糖的制备、性质、结构及其生物活性研究[D]. 南京：南京农业大学，2012.
[71] 许英伟，肖小年，刘剑青，等. 响应面法优化内部沸腾法提取生米藠头多糖[J]. 南昌大学学报，2012(5)：449-452.
[72] 夏新奎，杨海霞，李纯，等. 薤白粗多糖提取工艺研究[J]. 安徽农业科学，2006(17)：4403-4406.
[73] 刘巍，丁学知，夏立秋，等. 藠头蛋白质分离及抗肿瘤作用的研究[J]. 食品科学，2013(1)：300-302.
[74] 肖秀情，丁学知，夏立秋，等. 藠头凝集素的分离纯化和凝集活性分析[J]. 食品科学. 2013(19)：80-83.
[75] 黄洪波，喻超文，王文轩，等. 微波法提取藠头总黄酮和稳定性研究[J]. 安徽农业科学，2015(17)：95-97，164.
[76] 苏伟，赵利，袁美兰，等. 藠头叶中水溶性膳食纤维提取工艺[J]. 食品科学，2010(24)：192-194.